/// 工业机器人专业人才“十三五”规划教材

激光加工原理与工艺

主　编　邓守峰　李福运

副主编　魏　智　吴　镝

北京航空航天大学出版社

内 容 简 介

本书是一本以激光内雕原理、激光内雕布点软件的使用和内雕操作为主要内容的实训教程。全书以实操案例为导向，内容简洁，通俗易懂，对部分重点和难点配有完整的视频，有利于读者学习。

本书可作为中高等职院校和技工院校的机械设计与制造、模具设计与制造、数控技术等相关专业的课程教材，也可用作企业员工自学和培训的参考教材。

图书在版编目(CIP)数据

激光加工原理与工艺 / 邓守峰，李福运主编. -- 北京 ：北京航空航天大学出版社，2018.12
ISBN 978-7-5124-2910-9

Ⅰ.①激… Ⅱ.①邓… ②李… Ⅲ.①激光加工—高等学校—教材 Ⅳ.①TG665

中国版本图书馆 CIP 数据核字(2018)第 301146 号

激光加工原理与工艺
主　编　邓守峰　李福运
副主编　魏　智　吴　镝
责任编辑　蔡　喆　李丽嘉
*
北京航空航天大学出版社出版发行
北京市海淀区学院路 37 号(邮编 100191)　http://www.buaapress.com.cn
发行部电话：(010)82317024　传真：(010)82328026
读者信箱：goodtextbook@126.com　邮购电话：(010)82316936
北京时代华都印刷有限公司印装　各地书店经销
*
开本：787×1 092　1/16　印张：5.5　字数：113 千字
2019 年 4 月第 1 版　2019 年 4 月第 1 次印刷　印数：2 000 册
ISBN 978-7-5124-2910-9　定价：22.00 元

若本书有倒页、脱页、缺页等印装质量问题，请与本社发行部联系调换。联系电话：(010)82317024

前　言

激光切割加工是激光加工行业中最重要的一项应用技术，已广泛应用于汽车、机车车辆制造、航空、化工、轻工、电器与电子、石油和冶金等工业部门。近年来，激光切割技术快速发展，国际上每年都以20%～30%的速度增长。我国自1985年以来，更以每年25%以上的速度增长。激光切割加工广阔的应用市场，加上现代科学技术的迅猛发展，使得国内外科技工作者对激光切割加工技术进行不断探入的研究，推动着激光切割技术的不断创新，特别是激光雕刻技术的发展与应用。激光雕刻产品已逐步成为现代生活不可或缺的组成部分。

激光加工原理与工艺是针对机械设计与制造、数控技术、模具设计与制造技术专业开设的专业课程。本书汇集各专业教学资源库的建设成果，教材编写组由学校、企业、行业专家组成，概括了激光加工原理及发展现状，针对激光雕刻技术，特别是激光内雕技术的应用，结合内雕设备的使用情况，详解了激光内雕操作与加工。教材强调理论教学与实践教学相结合，将知识点和技能点融入项目任务中。每个项目由若干任务组成，每个任务都有具体描述引入，按照"任务描述、知识学习、任参实施"进行逐步讲解，在培养读者养成良好学习习惯和科学思维方法的同时，也更加适用于工学结合、项目引导、"教与学"一体化的教学方式。本书结合本溪机电工程学校实际教学情况而编写，可作为职业院校、技工院校的基础实训教材。

本书由本溪机电工程学校、鞍山星启数控科技有限公司、广东松山职业技术学院和浙江圣石激光科技股份有限公司等学校和企业联合开发，其中本溪机电工程学校的邓守峰和广东松山职业技术学院李福运为主编，鞍山星启数控科技有限公司的魏智、吴镝担任副主编。参与编写的还有本溪机电工程学校王树成、赵云红、王安鑫、周立荣和鞍山星启数控科技有限公司徐高生等。

由于作者水平有限，书中遗漏之处欢迎各位读者批评指正。

在编写过程中，作者参阅了国内外相关资料，在此向原作者表示衷心的感谢。

编　者

2018年12月

目　录

项目1 激光加工原理及特点

任务1 激光加工发展概述

1. 激光加工定义

激光加工一般分为激光热加工和光化学反应加工两种。前者借助激光的热效应实现对被加工对象的融化，进行切削、焊接、热处理等加工；后者则借助激光的高能光子引发或控制光化学反应，实现光化学沉积、立体光刻等加工。激光加工常见的加工方式有激光切割、激光焊接、激光打标、表面热处理、激光钻孔、激光外雕和激光内雕等。随着激光技术的发展以及新型激光设备的层出不穷，目前市场上的激光加工常用于切割、热处理、焊接、划片打孔、外雕、内雕等。理论上讲，激光几乎能实现对任何材料的加工，特别是在对精度要求高、应用环境特殊及特种材料的加工方面有着无可替代的作用。

2. 激光加工的现状

随着社会经济的快速发展及激光应用技术的日趋成熟，以激光器为基础的激光加工技术得到了飞速发展，目前已被广泛应用于通信、生产加工、医疗卫生、军事国防、科研及生活等多个领域，并在这些领域取得了良好的经济和社会效益。

(1) 当前激光加工主要工艺形式

1) 激光焊接

激光焊接与传统焊接相比具有焊接变形小、强度高、密封性好的优点，并可实现焊接件尺寸和材料性能相差悬殊、两熔点很高(陶瓷)或极易氧化材料的焊接。如应用于医疗领域的心脏起搏器焊接，具有密封性好、寿命长、体积小的优点，这些都是传统焊接无法比拟的。

2) 激光切割

在船舶、水利、汽车等制造业中，常采用大功率(0.1～10 kW)的激光器对大型件、厚件进行切割加工。激光切割不仅能保证空间曲线形状，而且能实现较高的切割精度，并具有传统切割无法达到的加工效率。在小工件的切割加工中一般采用中低功率固体激光器；在微电子学中的应用中，如激光切划硅片或切微型缝隙，其

不仅速度快，且热影响小，因此特别适用于流水线上工件刻字或打标记等加工，既能保证流水线的正常运行，又实现了产品规格或标志的加工。这就是市场上应用较广泛的激光打标机。

3）激光热处理

激光热处理是用高能激光束照射被处理材料，通过控制激光的波长、照射时间及功率等参数，实现被加工材料表面熔化和再结晶，以达到淬火或退火等热处理的目的。

激光热处理的优点为：可对被热处理材料的部位进行选择和控制，可量化控制热处理的深度，热处理过程工件变形小，可实现形状复杂的零件和部件的热处理，可对盲孔和深孔的内壁进行处理。

4）激光打孔

激光的微细加工是一门新兴学科。它是将激光亮度高、方向性好、相干涉性好等特性应用于生产加工，采用光学系统将其聚焦成直径微小的光点，且其聚焦的能量极高，足以融化或气化被加工材料（在理论上可以急剧熔化和汽化各种材料），因此激光微细加工几乎可以加工所有金属和非金属材料及复合材料。如脉冲宽为0.1～1 ms的激光器特别适用于微型孔和异型孔的加工，其加工孔径约为0.005～1 mm，因此激光也成为微型加工的重要手段之一，如打微型孔、光刻等，并可用于微型焊接，其精度可达到微米级。

5）激光熔覆

由于激光具有高功率密度的特性，激光加工系统在数控系统操作下，可使基材表面特定部位融化，形成一层很薄的微熔层，同时添加特定成分的自熔合金粉，如钴基、铁基合金和镍基等，使它们以熔融状态均匀地铺展在零件指定表层并达到预定厚度，与微熔的基体金属材料形成结晶组织熔融体，且两种材料间只有很小的稀释度，并快速凝固结晶，在零件表面形成与基材完全不同的且具有预定特殊性能的功能熔覆合金层，以此实现对材料表面性能的完全改变。这种方式以较低的成本获得较高的耐高温、耐磨、耐蚀等性能。此工艺可以实现材料表面的孔洞和裂纹的修复，也可恢复已磨损零件的几何尺寸及性能等。

6）激光内雕

激光内雕是激光雕刻的一种，是利用材料对高强度激光的非线性"异常吸收"现象进行加工的一种方法。激光能量密度必须大于使玻璃破坏的某一临界值，或称阈值，且激光此时的能量密度与它在该点光斑的大小有关。同一束激光，光斑越小的地方产生的能量密度越大。这样，通过适当聚焦，可以使激光的能量密度在进入玻璃及到达加工区之前低于玻璃的破坏阈值，而在希望加工的

区域则超过这一临界值，在极短的时间内产生脉冲，其能量能够在瞬间使玻璃受热破裂，从而产生极小的白点，在玻璃内部雕出预定的形状，而玻璃的其余部分则保持原样。其加工对象主要是玻璃、水晶等透明材料。

以数控技术为基础，借助激光内雕辅助成像技术的激光三维精雕系统的产生，使激光内雕技术得到了空前的发展。目前市场上琳琅满目水晶内雕工艺品已逐渐走进人们的生活，激光内雕技术的应用及操作也是本教材的重点。

(2) 激光加工的应用领域

激光加工是继机械加工、力加工、火焰加工和电加工之后一种新型的加工技术。从微小的手机芯片到超大型舰船和飞机，激光加工已成为现代工业加工中不可或缺的重要手段，也是加工制造业中最基本、最普及的加工方式。

激光焊接主要应用的领域有船舶船体、汽车厚薄板、汽车零件、心脏起搏器、锂电池、密封继电器等密封器件，以及各种对焊接污染和变形控制要求较高的器件。激光切割的应用领域有船舶制造业、汽车行业、电气机壳、计算机、各种金属零件和特殊材料的切割，如圆形锯片、弹簧垫片、小于 2 mm 的电子机件铜板、钢管、金属网板、电镀铁板、磷青铜、电木板、铝合金、石英玻璃、压克力、硅橡胶、小于 1 mm 的氧化铝陶瓷片、航天工业使用的钛合金等。激光打标广泛应用于汽车配件、医疗器械、电子元器件、通信器材、钟表、IT 等产业及烟酒食品的防伪方面。激光打孔则主要应用于汽车制造、航空航天、电子仪表和化工等行业。目前激光打孔应用较多的领域为电子仪表领域，如人造金刚石和天然金刚石拉丝模的生产，钟表和仪表的宝石轴承、多层印刷线路板的生产等。

(3) 当前激光加工存在的问题

目前，激光切割、激光焊接等常规激光加工技术在工业领域中已广泛应用，其原理基本都是利用激光产生的高温使材料熔化或汽化，从而达到加工的目的。但其加工过程存在以下问题：

- 加工区会产生热影响变质层，该变质层与基体材料的物理和机械特性有很大不同，对加工零件部件的应用有很大影响；
- 加工区易残留熔屑，影响加工质量；
- 加工盲孔或盲槽时切屑不易排出，很难实现微结构的加工；
- 在薄板上进行大面积多孔加工时易产生热变形；
- 加工硬脆材料时，加工区易产生散裂纹。

这些问题一定程度上限制了激光加工技术在工业领域的进一

步应用。

3. 激光加工技术发展趋势

1）加工系统智能化

加工系统智能化即把激光器与计算机系统、先进的光学控制系统以及高精度、高自动化的加工设备相结合，研制出特种生产加工中心，并具有在线检测、实时反馈等功能，具有一定的智能功能。特种加工系统智能化已成为必然的发展趋势。

2）小型化和组合化

国外已把激光切割和模具冲压、激光打孔等两种及两种以上加工方法组合在一起，制成多功能激光加工机床。它兼有冲压加工高速、高效的特点和激光切割、激光打孔的多样性特征，能更好地集中加工工艺，实施切割复杂外形、打孔、打标、划线等复合加工。

3）高频度和高可靠性

目前 YAG 激光器的重复频度已达 2 000 次/秒，二极管阵列泵浦的 Nd:YAG 激光器的平均维修时间已从原来的几百小时提高到 1～2 万小时以上，设备的发展奠定了激光技术应用的基础。

4）进行金属加工

激元激光器加工是国际激光加工的又一新方向。因为激元激光器能发射出波长为 157～350 nm 的紫外激光，大多数金属对这种激光的反射率很低，吸收率很高，因此，这种激光器在金属加工领域有很大的应用价值。

任务 2　激光加工原理及分类

1. 激光加工原理

不管是激光热加工还是光化学反应加工，都是利用高功率密度的激光束照射工件，使材料熔化、汽化或破裂而进行的切割、热处理、焊接、划片打孔、内雕等特种加工。自然界和人类合成物质中有些物质具有亚稳态能级的特性，其在外来光子的激发下会吸收光能，使处于高能级原子的数目大于低能级原子的数目——粒子数反转，若有一束光照射，光子的能量等于这两个能相级对应的差时，就会产生受激辐射，输出大量的光能。从激光器输出的高强度激光经过透镜聚焦到工件上，其焦点处的功率密度高达 1～100 亿瓦/平方厘米，温度高达 1 万摄氏度以上，任何材料都会瞬时熔化、汽化。激光加工就是利用光能的这种热效应对材料进行

切割、打孔、焊接和外雕等加工。

根据能量守恒定律，原子核周围的原子都处于固定的能阶，对于不同能阶的电子能，可以吸收光子跃迁至更高能阶，也可以释放光子跃迁到较低能阶。激光吸收和释放原理及类型如表1-2-1所列。

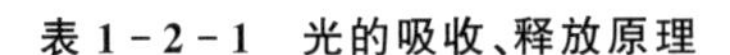

表1-2-1　光的吸收、释放原理

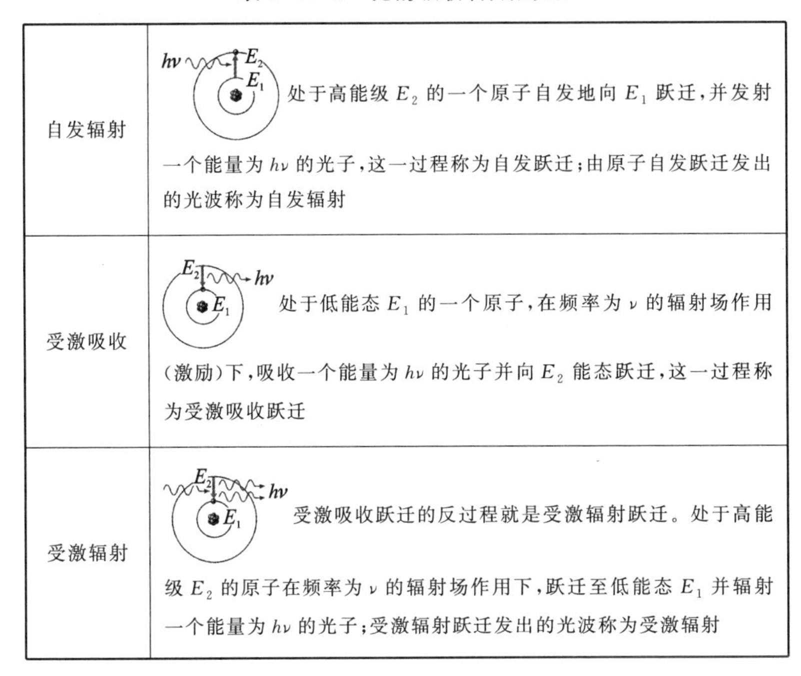

自发辐射	处于高能级 E_2 的一个原子自发地向 E_1 跃迁，并发射一个能量为 $h\nu$ 的光子，这一过程称为自发跃迁；由原子自发跃迁发出的光波称为自发辐射
受激吸收	处于低能态 E_1 的一个原子，在频率为 ν 的辐射场作用（激励）下，吸收一个能量为 $h\nu$ 的光子并向 E_2 能态跃迁，这一过程称为受激吸收跃迁
受激辐射	受激吸收跃迁的反过程就是受激辐射跃迁。处于高能级 E_2 的原子在频率为 ν 的辐射场作用下，跃迁至低能态 E_1 并辐射一个能量为 $h\nu$ 的光子；受激辐射跃迁发出的光波称为受激辐射

(1) 激光产生的过程

激光产生的过程是：在受激辐射跃迁的过程中，一个诱发光子可以使处在高能级的发光粒子产生一个与该光子状态完全相同的光子，这两个光子又可以去诱发其他发光粒子产生更多状态相同的光子。这样，在一个入射光子的作用下，可引起大量发光粒子产生受激辐射，并产生大量运动状态相同的光子。这种现象称为受激辐射光放大。

(2) 典型激光器结构及功能

激光器通常由三部分组成，即激光工作物质、泵浦源及光学谐振腔，它们是产生激光的三个前提条件。其具体原理见表1-2-2。

表1-2-2　激光器组成

激光工作物质	激光工作物质包括激活粒子与基质；为了形成稳定的激光，首先必须要有能够形成粒子数反转的发光粒子——激活粒子，它们的存在形式可以是原子、分子或离子；激活粒子有的可以独立存在，有的则只能依附于一些材料中；通常把为激活粒子提供依附场所的材料称为基质，它们可以是固体，也可以是液体

续表 1-2-2

泵浦源	泵浦源的作用是对激光工作物质进行激励，以光或电流的形式输入到产生激光的媒质之中，把处于基态的电子，激励到较高的能级高能态，产生粒子数反转；不同的激光工作物质往往需要采用不同的泵浦源才能实现粒子数反转
光学谐振腔	光学谐振腔是光波在其中来回反射从而提供光能反馈的空腔，其作用主要有以下两个方面：一是产生和维持激光振荡、改善输出激光的质量，谐振腔由放置在激光工作物质两边的两个反射镜组成，其中之一是全反射镜；二是作为输出镜用，是部分反射、部分透射的半反射镜

(3) 激光器系统

激光器按工作物质的不同可以分为固体激光器、气体激光器、液体激光器、光纤激光器及半导体激光器等。根据激光输出方式的不同又可分为连续激光器和脉冲激光器，其中脉冲激光的峰值功率非常大。用于工业材料加工的主要有固体激光器、CO_2 激光器等。在此，对几种主要激光器进行介绍。

1) 固体激光器

固体激光器以固体激光介质作为工作物质。

通常采用的脉冲激励源为脉冲输出，熔覆时被熔覆基体热影响极低，可以修复薄壁件、小件、高精度极易变形配件。

固体工作物质通常是在基质材料（如晶体或玻璃）中掺入少量的金属离子（称激活离子），激光跃迁发生在激活离子的不同工作能级之间。固体激光器的典型代表是红宝石（CR^{3+}：Al_2O_3）激光器、钇铝石榴石晶体（Nd^{3+}：YAG）激光器，其波长一般为 1 064 nm，光电转化率接近 3%，冷却方式为水冷，连续激光器的最大输出功率 1 000 W，在工业和医疗等行业被广泛使用。

固体激光器以其独特的优越性在材料加工中获得广泛的应用，其优点是：

- 结构紧凑、牢固耐用、使用维护比较方便，价格也比气体激光器低。
- 输出光波波长较短。红宝石激光器输出波长为694.3 nm，钇铝石榴石晶体（Nd^{3+}：YAG）及钕玻璃激光器的输出波长为 1.06 μm，比 CO_2 激光器低一个数量级。固体激光器的输出波长多在可见光区段或近红外光区段，很容易用某些晶体倍频，获得可见光甚至紫外光波段光波。对于大多数材料，激光波长越短，吸收系数越大。在加工工件时，固体激光器所需的平均功率比用 CO_2 激光器要小。
- 固体激光器输出较易使用普通光学元件传递。对于波长

为 1.06 μm 的近红外光，还可用光纤维传输，具有方便灵活的特点。

固体激光器的这些优越性使其在激光打孔、焊接、表面工程和半导体加工技术中得到广泛应用。

固体激光器的基本结构如图 1-2-1 所示，主要由激光工作物质、泵浦源（泵浦电源）、聚光腔、光学谐振腔等部分组成。

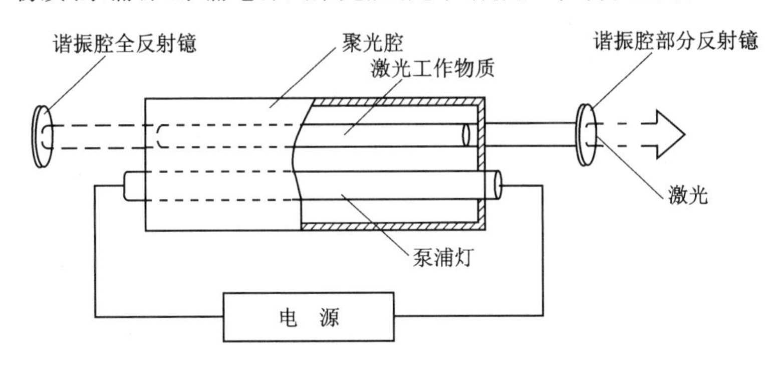

图 1-2-1 固体激光器基本结构示意图

① 固体激光器的工作物质

用于材料热加工的固体激光器的工作物质主要有：红宝石（CR^{3+}：Al_2O_3）激光器、钇铝石榴石晶体（Nd^{3+}：YAG）、钕玻璃激光器。

红宝石（CR^{3+}：Al_2O_3）激光器机械强度大，能承受高功率密度，亚稳态寿命长，可获得大能量输出，尤其是大能量单模输出，但其阈值较高，输出性能受温度变化明显，不宜作连续及高重复率运行，只能做低重复率脉冲器件，属于三能级系统。

榴石晶体（Nd^{3+}：YAG）荧光量子效率高、阈值低，并且具有热稳定性能良好、热导率高、硬度大、化学性质稳定等特点，是本教材涉及的三种固体激光器中唯一能够连续运转的激光器，已经广泛应用于材料加工，属于四能级系统。

钕玻璃激光器具有较宽的荧光谱线，荧光寿命长，易积累粒子数反转而获得大能量输出，容易加工，但其热导率较低，故只能在脉冲状态下工作，属于四能级系统。

表 1-2-3 所列为使用这三种工作物质的固体激光器的主要工作参数。

表 1-2-3 三种固体激光器的常用参数

分 类	红宝石	钇铝石榴石晶体	钕玻璃
波长/nm	694.3～692.7	1 064	1 060
能 级	三	四	四
输出发散角/rad	10^{-3}	—	—

续表 1-2-3

分　类	红宝石	钇铝石榴石晶体	钕玻璃
工作方式	单脉冲或低重复频率脉冲	连续工作或高重复频率脉冲	连续工作或高重复频率脉冲
光谱线宽/nm	0.01～0.1	0.45	22～29

② 固体激光器的泵浦系统

泵浦系统包括泵浦光源和聚光腔。在固体激光器中，激光物质内的粒子数反转是通过光泵对粒子的抽运来实现的。其工作过程是：首先将电源的电能转变为泵浦光源的光能，然后再将其转变成固体激光器工作物质的储能。目前泵浦光源最常用的是惰性气体放电灯和激光二极管。

惰性气体放电灯泵浦系统也是常规固体激光器使用最为广泛的泵浦光源之一，主要有用于脉冲工作方式的氙(Xe)灯和用于连续工作方式的氪(Kr)灯两种。随着二极管激光器(LD)技术和制造工艺的成熟，采用激光二极管做为泵浦源，逐渐成为固体激光器泵浦系统的重要发展方向。

a. 脉冲氙闪光灯泵浦系统

脉冲氙灯是一种亮度较高的非相干辐射源，用于脉冲工作的Nd:YAG和钕玻璃激光器的泵浦。脉冲氙灯的放电过程是随时间急剧变化的过程，它的灯电阻、端电压和电流都随时间变化。

表1-2-4列出了脉冲氙灯的主要尺寸规格，型号格式为STX-XX-YY-ZZ或STX-XX-YY-ZZ-D×L，其中STX是氙灯系列，XX为灯管外径(mm)，YY为弧长(mm)，ZZ为灯总长(mm)，D×L为硬电极接头直径和长度(mm)。

表1-2-4　STX系列激光氙灯

型　号	内径 ϕ_1/mm	弧长 L_2/mm	总长 OVL/mm	外径 ϕ/mm	电极 $\phi\times L$/mm
STX 5×75×140	4	75	140	5	3×5
STX 7×70×150	5	70	150	7	4×5
STX 7×100×210	5	100	210	7	4×8
STX 7×100×186	5	100	186	7	4×8
STX 8×85×178	6	85	178	8	5×17
STX 8×90×220	6	90	220	8	5×8
STX 8×100×230	6	100	230	8	5×8
STX 8×100×250	6	100	250	8	5×8
STX 8×100×256	6	100	256	8	5×8
STX 8×100×288	6	100	288	8	5×10

续表 1-2-4

型号	内径 ϕ_1/mm	弧长 L_2/mm	总长 OVL/mm	外径 ϕ/mm	电极 $\phi\times L$/mm
STX 8×120×240	6	120	240	8	5×8
STX 8×120×260	6	120	260	8	5×8
STX 8×140×280	6	140	280	8	5×8
STX 8×150×297	6	150	297	8	5×10
STX 9×130×264	7	130	264	9	6×8
STX 9×280×390	7	280	390	9	6×8
STX 10×45×125	8	45	125	10	6.5×5

脉冲固体激光器电源系统的原理结构图如图 1-2-2 所示。电源电路由充电电路、储能网络、放电电路、触发及预燃电路、控制电路等组成。电路工作原理是：当触发电路给氙灯提供一个高压触发脉冲时，灯内的气体被击穿，进入低阻状态；储能元件中的电能通过灯放电，采用预燃技术，灯触发后，预燃电路提供小电流维持灯的导通状态；脉冲放电靠放电回路中串入放电开关控制；充电电路在储能网络不放电时连续工作，为储能网络连续充电；控制回路控制整个系统电路正常有序工作。

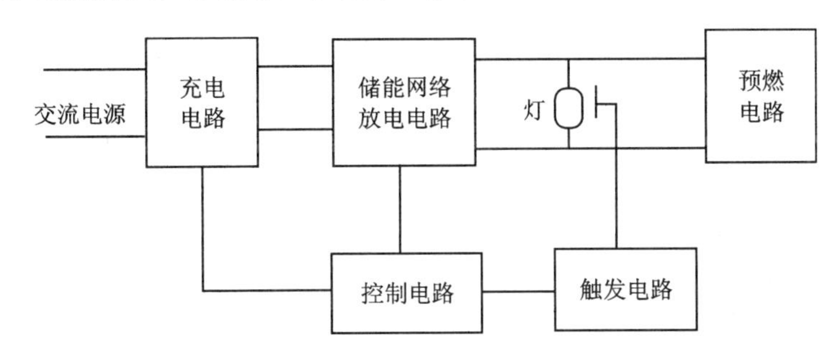

图 1-2-2 脉冲固体激光器电源系统原理结构图

脉冲激光电源是专门为脉冲 Nd:YAG 激光器设计的电源，采用开关电源，内部是由单片机控制的，是真正的数控电源，通过触模式操作面板选择激光输出功率、频率和脉宽等参数。用户通过键盘对激光脉冲波形和参数进行编程。一个脉冲波形可以分成 15 段，每段可以分别设定其电流和脉宽，最后的脉冲波形即为各段之和。根据每段设置的电流和脉宽的不同，可以形成各种不同的脉冲波形。目前国内生产脉冲氙灯的电源的厂家很多。表 1-2-5 所列为武汉新特光电技术有限公司的脉冲激光电源参数表。

表 1-2-5　STLDP 系列脉冲激光电源

型　号	最大输出电功率/kW	输出电流范围/A	脉冲宽度/ms	脉冲重复率/Hz	直流电源输入/V	外形尺寸/mm
STLDP-1	5	100～600	0.1～10	0.1～100	380 VAC	480×202×600
STLDP-2	5	100～600	0.1～20	0.1～200	380 VAC	480×202×600
STLDP-3	4	100～600	0.1～10	0.1～100	380 VAC	480×202×600
STLDP-4	4	100～600	0.1～20	0.1～200	380 VAC	480×202×600

b. 连续氪弧光灯泵浦系统

氪的线状光谱比氙的线状光谱能更好地与 Nd:YAG 的吸收谱相匹配，因此，氪弧灯是连续工作高功率激光器常用的泵浦光源。氪弧灯属于管壁稳定型大电流弧光放电灯，放电起始采用高压脉冲点火，点燃后属于稳定气体放电。表 1-2-6 列出了脉冲氪灯的主要尺寸规格，型号格式为 STK-XX-YY-ZZ 或 STK-XX-YY-ZZ-D×L，其中 STK 是氙灯系列，XX 为灯管外径(mm)，YY 为弧长(mm)，ZZ 为灯总长(mm)，D×L 为硬电极接头直径和长度(mm)。

表 1-2-6　STK 系列激光氪灯

型　号	内径 ϕ_1/mm	弧长 L/mm	总长 OVL/mm	外径 ϕ/mm	电极 $\phi\times$L/mm
STK 6.5×100×250	4.5	100	250	6.5	4×8
STK 6.5×125×270	4.5	125	270	6.5	4×10
STK 7×100×210	5	100	210	7	4×8
STK 7×100×250	5	100	250	7	4×8
STK 7×125×270	5	125	270	7	4×10
STK 8×95×214	6	95	214	8	5×7
STK 8×100×235	6	100	235	8	5×8
STK 8×100×250	6	100	250	8	5×10
STK 8×100×256	6	100	256	8	5×8
STK 8×100×270	6	100	270	8	5×10
STK 8×100×288	6	100	288	8	5×10
STK 8×120×260	6	120	260	8	5×8
STK 8×120×264	6	120	264	8	5×10
STK 8×125×270	6	125	270	8	5×10
STK 8×125×280	6	125	280	8	5×10
STK 8×150×288	6	150	288	8	5×8
STK 8×150×290	6	150	290	8	5×8
STK 8×100×210	6	100	210	8	5×8

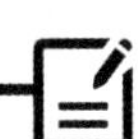

氪灯泵浦系统工作在低电压、大电流状态，对供电系统的要求是：电源与灯的伏安特性要匹配。氪灯的输出功率由电流强度决定，灯在稳定工作中的动态电阻很小，灯电压的微小变化都会引起灯电流的大幅变化，因此要求电源有稳流措施，应为电流源。泵浦系统要求一定的电流调节范围，当电流调至最小值（休眠电流）时能保持弧光放电的稳定性，电流脉动要求在 0.5%～2% 的范围内。连续固定激光器电源系统框图见图 1-2-3。目前连续氪灯电源的主电路多为低电压大电流连续供电，采用开关电源形式，如 BUCK 变换器，并有触发电路及辅助高压。表 1-2-7 所列为国内厂家的连续泵浦氪灯电源参数。

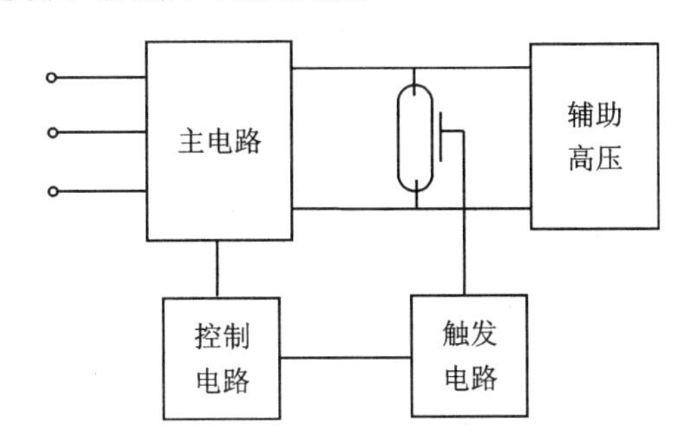

图 1-2-3　连续固体激光器电源系统

表 1-2-7　国产连续泵浦氪灯电源参数参考

型号	最大输出电流/A	最高输出电压/V	输出电流波纹	控制精度	开关工作频率/kHz	允许交流电压波动	允许工作环境温度/℃	工作环境湿度范围	对交流电源要求	休眠电流/A
STCW22A	25	200	≤0.4%	0.004	20	±15%	0～50	≤90%	380V、6kVA	7
STCW32A	30	200	≤0.4%	0.004	20	±15%	0～50	≤90%	380V、9kVA	7
STCW24A	20	400	≤0.4%	0.004	20	±15%	0～50	≤90%	380V、11kVA	7
STCW22B	25	200	≤0.4%	0.004	20	±15%	0～50	≤90%	220V、6kVA	7
STCW32B	30	200	≤0.4%	0.004	20	±15%	0～50	≤90%	220V、9kVA	7

c. 激光二极管泵浦系统

随着激光二极管（LD）技术及制造工艺的逐步成熟，激光二极管泵浦固体激光器（DPSSL）的研制成为新的发展方向。

激光二极管的输出可以与固体激光器介质的吸收带相一致，

其激励效率大为提高，热效应显著降低。激光二极管还具有结构紧凑、寿命长的优点。连续工作的激光二极管寿命超过 10^4 h、脉冲工作在 10^9 次以上，而惰性气体泵浦灯只有 200 h 和 10^7 次。采用激光二极管泵浦的激光器体积小、质量轻、效率高、易于维护。

当前，随着激光二极管的市场的需求量的持续增加和大规模自动化生产线的建立，二极管的价格逐步下降，激光二极管泵浦固体激光器将得到广泛应用。

在设计二极管泵浦系统时，应按应用目的选择二极管参数，如波长、工作方式、输出功率，以及二极管的构型。目前，用作泵浦源的二极管的发射波长已从 770～990 nm 向红外 900～1 000 nm 和可见光 630～680 nm 扩展，多种固体激光工作物质都可以用二极管泵浦。通常有长为 100 μm 或 200 μm 小的二极管线阵、1 cm 长的阵列条和二维面阵，或叠层组件可供选择。短的二极管阵列特别适于端面泵浦，阵列条常用于侧面泵浦板条或棒状固体激光器。对高功率固体激光器，必须将 1 cm 的阵列条叠成模块，以减小电子学驱动器、冷却系统和机械结构的复杂性。

Rofin 公司的 DP、DS 系列固体激光器，采用半导体泵浦系统，主要应用于材料的切割与焊接，泵浦半导体激光器的寿命超过 10 000 h，目前国内很多激光器公司生产 DP、DS 系列泵浦固体激光器系统，DP 主要参考型号如表 1-2-8 所示。

表 1-2-8　DP 系列固体激光器

	DP 010 HX	DP 015 HX	DP 020 HX	DP 030 HX	DP 040 HX
泵浦源	激光二极管	激光二极管	激光二极管	激光二极管	激光二极管
输出功率/W	100～1 000	150～1 500	200～2 000	300～3 000	400～4 000
光束参数乘积	12 mm×mrad	12 mm×mrad	25 mm×mrad	25 mm×mrad	25 mm×mrad

d. 固体激光器的聚光腔

对于使用惰性气体放电灯泵浦的固体激光器，泵浦光在空间 4π 立体角内发射，需要使用聚光腔来提高泵浦光的转换效率及其辐射的均匀性。在激光二极管泵浦的情况下，为进一步提高光—光转换效率，有时也需要聚光腔。常用的聚光腔有以下几种类型。

a）椭圆柱聚光腔。椭圆柱聚光腔是最常用的一种类型，图 1-2-4 所示为几种典型结构。

b）紧包式焦聚光腔。这种结构非常简单的聚光腔可得到与椭圆柱聚光腔一样的效率，但泵浦光均匀性较差。它的几种结构见图 1-2-5。

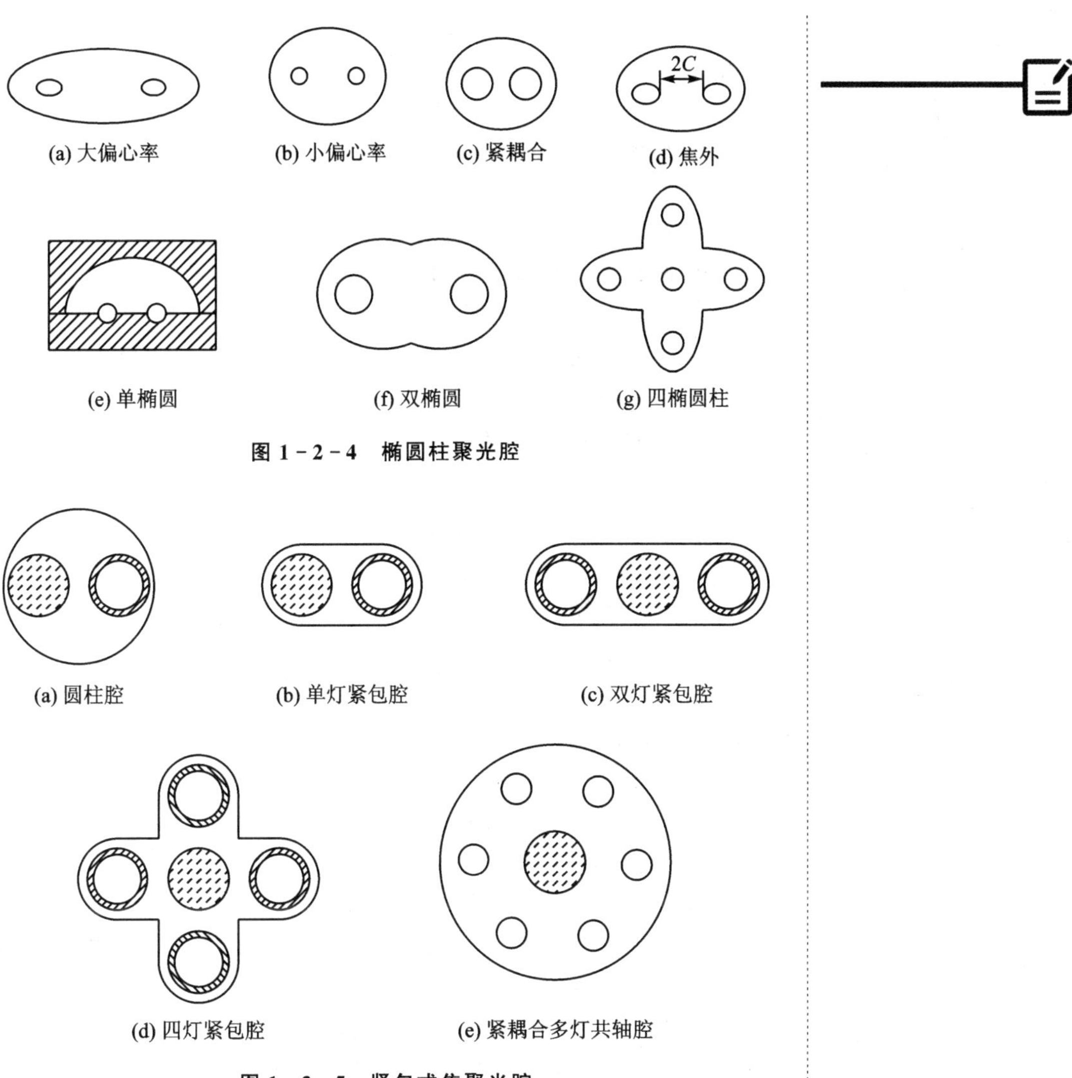

图 1-2-4 椭圆柱聚光腔

图 1-2-5 紧包式焦聚光腔

c）漫反射聚光腔。其结构如图 1-2-6 所示。用螺旋灯泵浦时，通常在螺旋灯外包一个陶瓷漫反射器。在螺旋形和同轴闪光灯泵浦系统中，泵浦光传输效率由灯内径和棒直径之比决定。最简单的漫反射聚光腔是一个陶瓷圆柱体，棒和灯紧包在圆柱体之内。

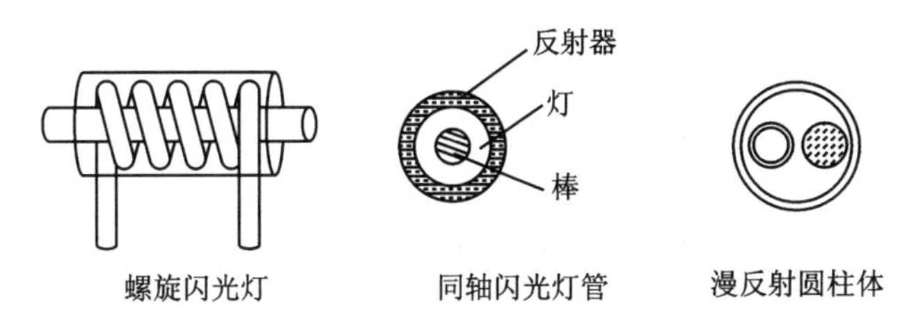

图 1-2-6 漫反射聚光腔

d）旋转对称聚光腔。这种结构能够得到高的光传输效率和很好的均匀辐射效果。在球面反射体聚光腔中，灯和棒沿聚光腔直径方向相邻排列；在椭球体聚光腔中，灯和棒沿长轴放置于焦点和椭圆面间。这类聚光腔的主要缺点是结构复杂、制造成本高，在实际中很少采用。

聚光腔的设计和选择应考虑以下几点：

- 激光棒的几何形状、尺寸和泵浦源的形式；根据所用激光棒的大小、单灯或多灯泵浦而选用不同的聚光腔型；对二极管泵浦，还应按泵浦功率的泵浦耦合方式等决定是否用聚光腔或使用单面全反射器等。
- 性能参数：应综合考虑光传输效率和泵浦光分布均匀性等性能参数。
- 系统考虑：冷却要求、聚光腔的尺寸、质量及制造成本，都是影响总体设计的重要因素。

③ 固体激光器的谐振腔

光学谐振腔是固体激光器的重要组成部分，由全反射镜和部分反射镜组成，受激辐射光通过反馈在谐振腔中不断振荡放大，并由部分反射镜输出。最常用的固体激光器的谐振腔由相向放置的两球面镜或平面镜组成，不同类型的腔型结构，对激光输出的功率、模式、光束发散角等都有直接的影响。

④ 激光器调 Q 技术

为了压缩脉冲宽度，提高峰值功率，在脉冲激光器中要使用 Q 开关技术（即将一般输出的连续激光能量压缩到宽度极窄的脉冲中发射，从而使光源的峰值功率可提高几个数量级的一种技术，也称调 Q）。调 Q 开关是一种在激光谐振腔内通过快速切断和导通激光光路来调制激光频率的装置，以声光调 Q 为例，其示意图见图 1－2－7。调 Q 技术自从 1962 年出现以来，发展极为迅速。采用这种技术可以获得峰值功率在兆瓦级以上、脉宽为纳秒级的激光脉冲。

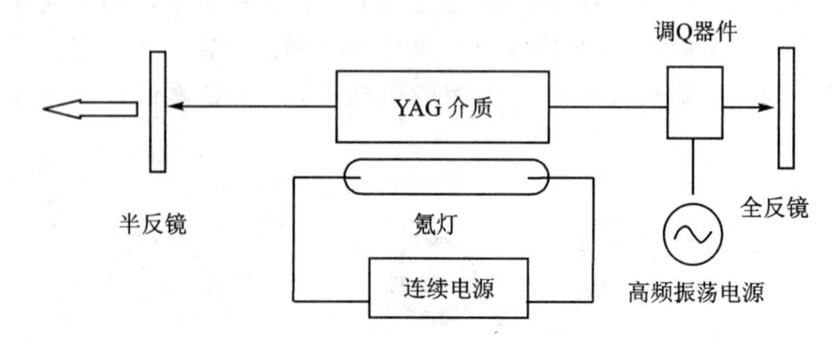

图 1－2－7　调 Q 激光器示意图

调 Q 技术是一种基于激光谐振腔品质因数的原理技术，Q 值愈高，激光振荡愈容易，Q 值愈低，激光振荡愈难。即在光泵浦开

始时，使谐振腔内的损耗增大，降低腔内Q值，让尽量多的低能态粒子抽运到高能态去，达到粒子数反转。由于Q值低，故不会产生激光振荡。当激光上能级粒子数达到最大值(饱和值)时，设法突然使腔的损耗变小，Q值突增，这时激光振荡迅速建立。如果处于激光上能级的粒子像雪崩一样地跃迁到激光下能级，使之在极短时间内达到反转，粒子数大量被消耗，则在输出端可得到一个极强的激光巨脉冲输出，其脉冲宽度通常在 $10^{-6}\sim10^{-9}$ s数量级，脉冲峰值功率可达 $10^{8}\sim10^{9}$ W以上。

目前在激光加工中采用的有电光调Q、声光调Q、染料调Q、机械调Q等，但采用最多的是电光调Q和声光凋Q两种。

电光调Q是利用在晶体上加电场，使晶体的折射率产生变化的"电光效应"原理来实现调Q的。电光调Q开关具有反应时间短、结构简单、使用寿命长、重复性好等优点。对Nd:YAG激光器进行电光调Q，可获得脉冲宽度小于10 ns的 10^{6} W以上的脉冲峰值功率。

声光调Q是激光通过声光介质中的超声场时，产生布拉格衍射，使光束偏离谐振腔，导致腔内损耗增大，Q值下降。当撤出超声场时，Q值即刻猛增，此时可获得巨脉冲输出。声光调Q在激光加工中得到了广泛应用(包括激光打标、焊接和微雕等)。

2) 气体激光器

气体激光器是指利用气体或蒸汽作为工作物质产生激光的装置，一般由放电管内的激活气体、一对反射镜构成的谐振腔和激励源三个主要部分组成，其激励方式主要有电激励、光激励、气动激励或化学激励。其中电激励方式最常用，其在一定的放电条件下，通过电子碰撞激发和能量转移激发等方式，使气体粒子有选择性地被激发到某高能级上，从而形成与某低能级间的粒子数反转，产生受激发射跃迁。

其工作物质主要是二氧化碳以及各种稀有气体(氦、氖、氩、氪、氙等惰性气体)，最为常见的是二氧化碳激光器，其波长为9～12 μm(典型波长10.6 μm)，光电转化率在10%～30%左右，功率范围大(几瓦至几万瓦)，既能连续波工作又能脉冲工作，这些优点使其成为气体激光器中用途最广泛的一种，主要用于材料加工、科学研究、检测、国防等方面。

其不足是体积庞大，不适于现场修复和与各种熔覆工装配合使用，更换易损配件频率高且价格昂贵，二氧化碳的波长不易被金属吸收，功率浪费较大，并且无法采用光纤耦合，特别是二氧化碳激光热影响区高，被熔覆配件受热变形率高，需要在熔覆过程中、熔覆后对熔覆配件进行复杂的保温处理。

气体激光器通常是指以单一气体、混合气体或蒸气作为激光

工作物质的激光器。气体激光器又分为原子激光器、分子激光器和离子激光器三大类。其主要激励方式是放电激励、电子束激励，偶尔也会采用化学反应激励、热激励等激励方式。

气体激光器的主要优点是：

- 工作物质均匀一致，保证了激光束的优良光束质量，激光束的相干性、单色性都优于固体、半导体激光器。
- 与其他介质相比，谱线范围宽，分布在 100 nm 的真空紫外波段到 10 μm 的长波长远红外波段的范围内。
- 输出激光功率大，既能连续工作，又能脉冲工作，效率高。如 CO_2 激光器的电光转换效率可达 25%。

① CO_2 激光器

自 1964 年 Patel 等人研制成功第一台 CO_2 激光器以来，由于 CO_2 在电光转换效率和输出功率等方面具有的明显优势。经过多年来对 CO_2 气体激光的持续研究，CO_2 激光器已成为成熟的激光产品之一，其使用数量和市场销售量都相当可观，是最重要的工业激光器之一，并广泛用于国防、医疗等各种领域。

CO_2 激光器的输出功率和能量相当大，并且可连续波工作和脉冲工作。连续波输出功率范围大，输出功率从瓦级直到万瓦级，甚至可达到数十万瓦。因此，CO_2 激光器也是所有激光器中连续波输出功率最高的激光器。其脉冲输出能量达数万焦耳，脉冲宽度可压缩到毫微秒级，脉冲功率密度高达 10^{12} W，甚至可与高功率固体激光器的水平相媲美。

CO_2 激光器的能量转换效率（输出激光功率与输出电功率之比）高达 20%～25%，是能量利用率最高的激光器之一。CO_2 激光器的输出谱带也相当丰富，主要波长分布在 9～11 μm，正好处于大气传输窗口，十分适宜于在制导、测距和通信上的应用。同时，用作研究物质在 10.6 μm（是不可见的红外光）的非线性光学现象，极易被人体组织 200 pm 内的表层所吸收，稳定性较好，在工业加工及医疗方面都具广阔的应用前景。CO_2 激光器种类繁多，性能各异，给高功率激光的工业应用提供了有效的手段。

a. CO_2 激光器的工作原理

在 CO_2 激光器中，激光工作物质 CO_2 是一种线性排列的三原子分子（线性对称），如图 1－2－8 所示，中间是碳原子，两边对称排列氧原子。在正常情况下，CO_2 分子处于不停运动的状态。根据分子振动理论，CO_2 有 3 种不同的振动方式，即存在 3 种基本的振动方式和 4 个振动自由度，3 种基本的振动方式包括反对称振动、对称振动和形变振动，同时在这 3 种不同的振动方式中，确定了有不同组别的能级。

在简谐近似条件下，CO_2 分子的 3 种基本振动近似简谐振

动，并且3种振动模相互独立运动，激光跃迁主要在00^01～10^00之间，输出10.6 μm激光，如图1-2-9所示。

在常温下，CO_2分子大部分处于基态，在电激励条件下，主要是通过电子碰撞直接激发和共振转移激发。在直接激发中，慢速电子碰撞激发N_2分子和CO_2分子，另一个激发主要是由$N_2(v=1)$与$CO_2(001)$的共振转移激发，这是CO_2激光器效率高于其他类型激光器的重要原因。

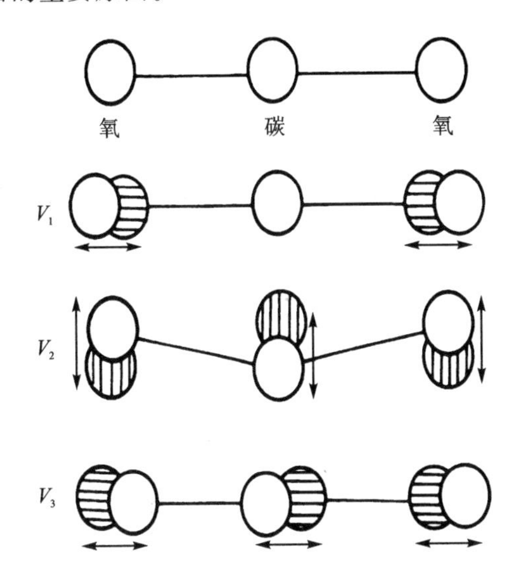

图1-2-8　CO_2分子运动模型

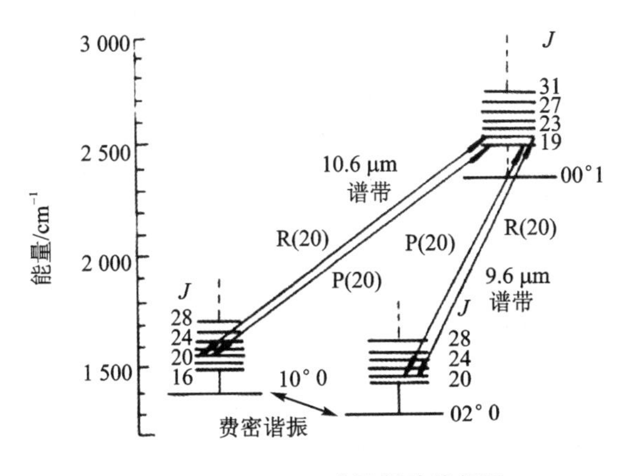

图1-2-9　CO_2分子振动能级图

b. CO_2激光器的分类和特性

高功率CO_2激光器是目前工业应用中功率最大、光转换效率最高、种类较多、应用较广泛的气体激光器。其分类较复杂，主要分类及特点见表1-2-9。

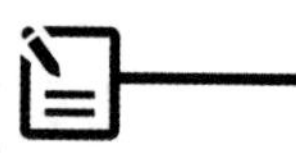

表 1-2-9 CO_2 激光器的分类及特点

	分类方式		特　点
CO_2 激光器	输出方式	连续 CO_2 激光器	
		脉冲 CO_2 激光器	调制频率高达 1 MHz
		Q 开关输出	可分电光调 Q 与声光调 Q
	谐振腔工作部分	波导腔	孔径 1～3 mm
		自由空间腔	孔径 4～6 mm
	冷却方式	空气冷却	
		水冷却	
	结构	横流 CO_2 激光器	激光输出功率高，最大输出功率 ≧ 150 kW，光束质量相对较差
		纵流 CO_2 激光器（快流、慢流 CO_2 激光器）	光束质量高、效率高、体积小，激光输出功率达到 25 kW
		封离式 CO_2 激光器	光束质量好、寿命长、结构简单、可靠性高、运行费用低

CO_2 激光器的电光转换效率一般为 15%～20%，将近 80%以上的输入功率变成了热能，使工作气体温度升高。工作气体的温度直接降低了粒子数的反转程度和光子辐射的速度，使激光器的输出功率降低，因此废热的排除和工作气体的冷却是保证高功率激光器连续运转的必要条件之一。按照气体冷却方式的不同，可将高功率 CO_2 激光器分为扩散冷却和流动冷却两大类，流动冷却又分为轴向、横向和螺旋流动等类型。

c. 轴向流动 CO_2 激光器

轴向流动 CO_2 激光器的工作气体沿放电管轴向流动来实现冷却，气流方向同电场方向和激光方向一致，包括慢速轴流（气流速度在 50 m/s 左右）和快速轴流（气流速度大于 100 m/s，甚至可达亚声速）。慢速轴流 CO_2 激光器由于结构复杂、输出功率低，较少采用；采用较多的是快速轴流 CO_2 激光器，图 1-2-10 所示为其结构示意图。

快速轴流激光器的技术关键是使气体高速循环的罗茨泵，要求泵的流速高、振动小、噪声低，泵所需容量等于激活区域除以气体流过激活长度的时间。快轴流激光器的主要特点在于：光束质量好，功率密度高，电光效率可达 26%，结构紧凑，可以连续和脉冲双制运行，使用范围广。

d. 横向流动型 CO_2 激光器

横向流动型 CO_2 激光器的工作气体沿着与光轴垂直的方向快速流过放电区，以维持腔内较低的气体温度。图 1-2-11 所示为横流激光器的典型结构，横流 CO_2 激光器的光轴、气体流动方

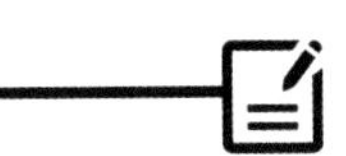

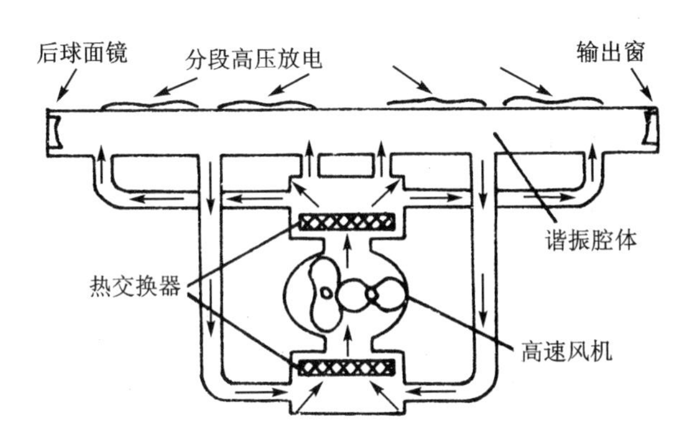

图 1-2-10　快速轴流 CO_2 激光器结构示意图

向和放电方向三轴正交。横流激光器中气压高，光腔流道截面面积大，流速也相当高，所以横流 CO_2 激光器输出功率大。目前，横流 CO_2 激光器的输出功率已达到 30 kW。

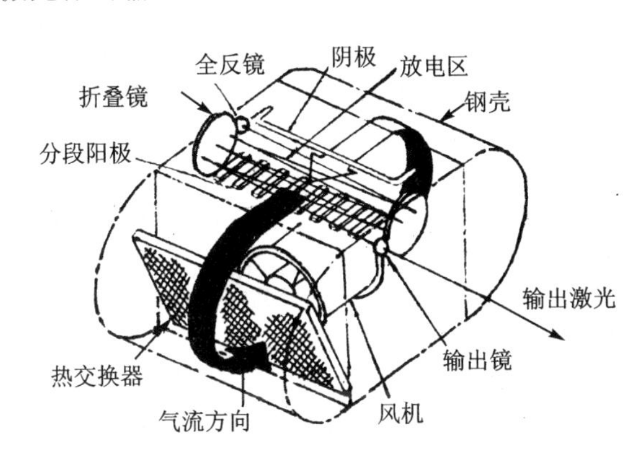

图 1-2-11　横流 CO_2 激光器

根据电极形状的不同，横流 CO_2 激光器主要分为管-板电极结构 CO_2 激光器和针-板电极结构 CO_2 激光器。横流 CO_2 激光器的光束质量比轴流 CO_2 激光器的差，一般输出高阶模，常用于激光表面淬火、表面熔覆与表面合金化。

此外，在流动型 CO_2 激光器中还有螺旋流动型、横流圆筒结构 CO_2 激光器等，这里不再逐一介绍。

e. 扩散冷却型 CO_2 激光器

扩散冷却激光器的工作气体由气体自身的热扩散来冷却。较高功率的封离型激光器都有一套真空排气-冲气系统，用于腔内变质气体的更换，这种激光器称为准封离型激光器。图 1-2-12 所示为准封离型 CO_2 激光器示意图。目前经加长放电管的封离型激光器的输出功率达到 3 kW，国内也有千瓦级封离型 CO_2 激光器。

新型扩散冷却 CO_2 激光器采用气体密封的形式，激光器具有紧凑的结构，可以采用水冷和风冷的方式，典型结构以 Rofin 公司

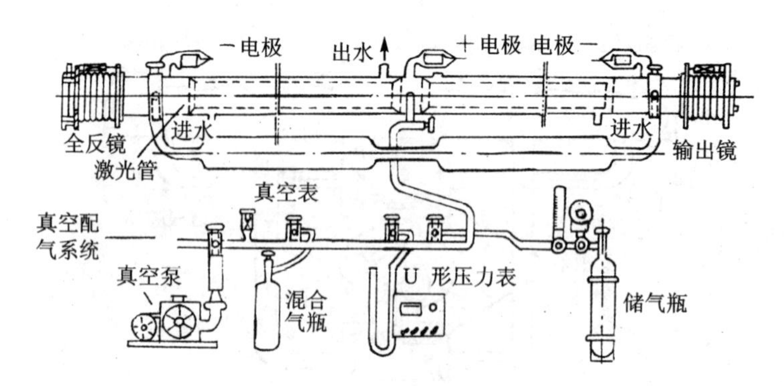

图 1-2-12　准封离型 CO_2 激光器

DC 系列 Slab CO_2 激光器，以及我国功率分配式 24 通道扩散冷却 CO_2 激光器为代表。我国的功率分配式 24 通道扩散冷却 CO_2 激光器是通过用扩散冷却辐射状电极列阵构成多通道板条放电，共用射频电源经过射频共振腔功率分配系统，独立地激发每个增益通道进行冷却，其多通道冷却效率很高，可以得到相对高的输出功率密度。这种激光器的结构原理图见图 1-2-13。

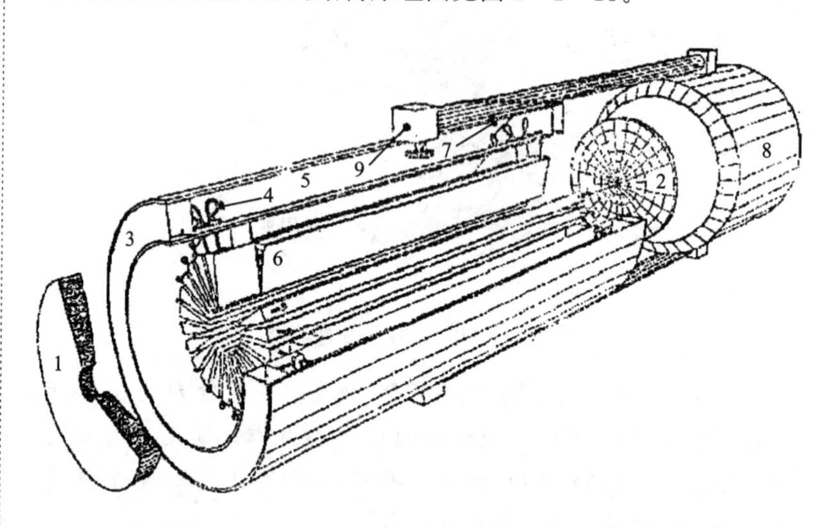

1、2—复曲面反射镜；3—水冷多折管道；4—射频磁场耦合回路；5—射频共振腔；6—挤压成型铝电枝；7—同轴馈线；8—射频发生器；9—输入射频电容耦台器

图 1-2-13　功率分配式 24 通道扩散冷却 CO_2 激光器

功率分配式 24 通道扩散冷却 CO_2 激光器与 DC 系列 Slab CO_2 扩散冷却激光器的共同优点是：结构紧凑，几乎没有摩擦损耗；输出光束具有很高的质量；不需对激光工作气体进行热交换；光损耗较低；热稳定性非常高；低气体损耗，外部不需配置气体贮气罐；没有气体流动，不会污染谐振腔的光学元件；维护成本低；更重要的是由于冷却技术的进步大大提高了激光器的功率。

目前市场上千瓦级工业激光器的主要性能及参数如表 1-2-10 所列。

表 1-2-10　千瓦级工业激光器主要性能列表

对比项目	指标说明	CO_2激光器（气体）	YAG激光器（固体）	薄盘激光器（固体）	光纤激光器	手导体激光器
波长/μm	数值越小，加工能力越强	10.6	1.06	1.0～1.1	1.0～1.1	0.9～1.0
典型电光效率%	数值越大，效率越高，耗电越小	10	5	15	30	45
光束质量BPP/4/5kW	数值越小，光束质量越好	6	25	8	<2.5	10
输出功率 kW	数值越大，加工能力越强	1～20	0.5～5	0.5～4	0.5～20	0.5～10
输出光纤/μm	数值越小，使用越方便	不可实现	600～800	600～800	50～300	50～800
冷却方式	方式越多，使用越灵活	水冷	水冷	水冷	风冷/水冷	水冷
占地面积/4/5 kW	数值越小，适应性越好	$3m^2$	$6m^2$	$>4m^2$	$<1m^2$	$<1m^2$
体积	越小，适用场合越多	大	大	较大	非常小	非常小
可加工材料类型	范围越广，加工式适应性越好	Cu，Al不可	Cu不可	高反材料亦可	高反材料亦可	高反材料亦可
维护周期/Khrs	数值越大，维护越少	1～2	3～5	3～5	40～50	40～50
相对运行成本	数值越小，运行成本越小	1.14	1.80	1.66	1	0.8

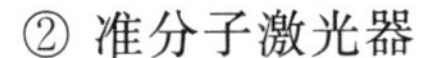

② 准分子激光器

准分子激光器的工作物质是准分子气体。准分子是一种在激发态复合成的分子，而在基态时则离解成原子的不稳定的缔合物。准分子只在激发态时才以分子形式存在，其基态的平均寿命很短，仅为 10～13 s，从激发态跃迁到基态时，很快便离解成独立的原子。准分子激光为紫外短脉冲激光，波长范围在 193～351 nm，约是 YAG 波长的 1/5 和 CO_2 波长的 1/50，单光子能量可达到 7.9 eV，高于大部分分子的化学键能，能直接深入材料分子内部进行加工。

准分子激光器可分为惰准分子激光器、惰性卤化物准分子激

光器、惰性氧化物准分子激光器、惰性-金属蒸气准分子激光器和金属蒸气准分子激光器五种，目前商品化的准分子激光器大都是惰性气体卤化物准分子激光器，包括 XeCl、KrF、ArF 和 XeF 等气态物质。

准分子激光器的基本结构与 CO_2 激光器相同，可以调谐运转。紫外波段的准分子激光器主要靠激光剥离(Laser Ablation)加工材料，即由于准分子激光能量比材料分子原子连接键能量大，材料吸收后(吸收率高)，光子能量耦合于连接键，破坏了原有的键连接而形成微小碎片，碎片材料自行脱落，每个脉冲可去除亚微米深的材料，如此逐层剥离材料，达到加工目的。目前准分子激光器主要为脉冲工作方式，商品化的准分子激光器平均功率为 100～200 W，最高功率也已在千瓦以上。

③氦-氖激光器

氦-氖激光器是最早问世的气体激光器(又称原子激光器)，其为连续波运转，主要波段在可见光区或近红外区；工作物质是氦-氖的混合气体，比例是 5∶1，工作压力为 400～4 000 Pa，氖为激活物质，通常运转的谱线波长为 632.8 nm，单横模输出功率在 50 mW/m 量级水平。氦-氖激光器的主要特点是输出光束的单色性、方向性好，输出功率和频率稳定度高，并有结构简单紧凑、制作容易、使用方便、寿命长等优点，因而其广泛应用于检测、导向、精密计量、全息、信息处理、医学等各个方面。

光学谐振腔由一对高反射率的多层介质膜反射镜组成，一般采用平凹腔形式，平面镜为输出镜，透过率依赖于激光器长度，约为 1%～2%，凹面镜为全反射镜，反射率接近 100%。

放电管由毛细管和贮气管构成。毛细管处于增益介质工作区，因此其尺寸和质量是决定激光器输出性能的关键因素。贮气管与毛细管相连，为了使放电只限制在毛细管内，在毛细管的一端装有隔板，贮气管的作用是为了增加放电管的工作气体总量，保证毛细管内的气体得到不断更新，延长了器件寿命。普通的氦-氖激光器的放电管一般采用 GG_{17} 硬质玻璃制成，对输出功率和波长要求稳定性高的器件通常用热膨胀系数更小的石英玻璃制作。

连续工作的氦-氖激光器多采用直流放电激励的方式，起辉电压和工作电压与激光器的结构参数和放电条件有关。放电长度为 1 m 的激光器，起辉电压在 8 kV 左右；氦-氖激光器的工作电流在几毫安到几百毫安的范围内。

氦-氖激光器的放电电极多采用冷阴极形式。冷阴极材料多为溅射率小、电子发射率高的铝或铝合金。为了增加电子发射面积和降低阴极溅射，阴极通常制成圆筒状，并让尺寸尽可能大，阳极一般用钨针制成。

近年来，放电管与反射镜片、窗片的封接工艺技术取得显著的进展，用玻璃粉加热的“硬封接”工艺已替代以往的环氧树脂封贴，提高了密封可靠性，进而提高了氦-氖激光器的工作和存放寿命。

在激光加工系统中，氦-氖激光器多用于激光焦点定位，作为指使光使用。高功率 CO 激光器的波长为 5 μm，主要优点为：

- 波长 5 μm，为 CO_2 激光波长的 1/2，发散角为 CO_2 激光的 1/2，聚焦后能量密度比 CO_2 激光高 4 倍；
- 许多材料对 5 μm 波长的吸收率很高，对激光加工极为有利；
- CO 激光的量子效率接近 100%，而 CO_2 激光只有 40%，其电效率比 CO_2 激光提高了 20%。

但 CO 激光也存在两个明显的缺点：

- 要想获得较高的效率，工作气体必须冷却到 200 K 左右的低温；
- 工作气体的劣化较快，因而 CO 激光器的投资较高，实际运行费用亦较高，故在一定程度上限制了这种激光器的发展。

尽管如此，由于 CO 激光良好的加工优势使得它仍然受到相当的重视，其主要发展方向为快速流动结构，是下一代最有希望的加工激光器之一。

④ 大功率半导体激光器

半导体激光器是以半导体材料（主要是化合物半导体）为工作物质，以电流注入作为激励方式的一种小型化激光器。半导体激光器最早被用于光纤通信中的光信号发射器、条码阅读器、光盘刻录机等方面。表 1-2-11 所列为各类型半导体激光器性能对照。

表 1-2-11　各类型半导体激光器性能对照表

名　称	同质结	但异质结	双异质结	DFB	量子阱	VCESL
制成时间/年	1962	1967	1970	1975	1978	1979
典型材料举例	GaAs	GaAs/AlCaAs	AlCaAs/GaAs	GaAs/AlGaAs	GaAs/AlGaAs	AlGaInP/InP
主要制作方法	扩散法	液相外延法	液相外延法	离子刻蚀法	MBEMOCVD	MOCVD
特性	在半导体材料中实现受激发射	可在脉冲下工作	可连续工作	单纵模运行	有源区为量子化尺寸	动态单纵模

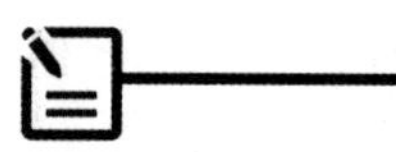

续表 1-2-11

名 称	同质结	但异质结	双异质结	DFB	量子阱	VCESL
阈值电流密度/(Acm^{-2})	105	104	103	102	50	10
工作温度	77 K下脉冲工作	室温下脉冲工作	室温下连续工作	室温下连续工作	可直接在较高温度下工作	室温下连续工作
缺点	阈值电流密度过高，不能脉冲工作	不能连续工作	多纵模发射	制作工艺难		输出功率小

大功率半导体激光器(输出功率大于1 W)的工作物质是层状结构，一般以GaAs为衬底，衬底上覆盖其他化合物层，这些化合物是由Ⅲ族(Al、Ga、In)元素和Ⅴ族(As、P)元素组成的二元、三元或四元半导体类化合物。双异质结构LD激光器的基本结构如图1-2-14所示。

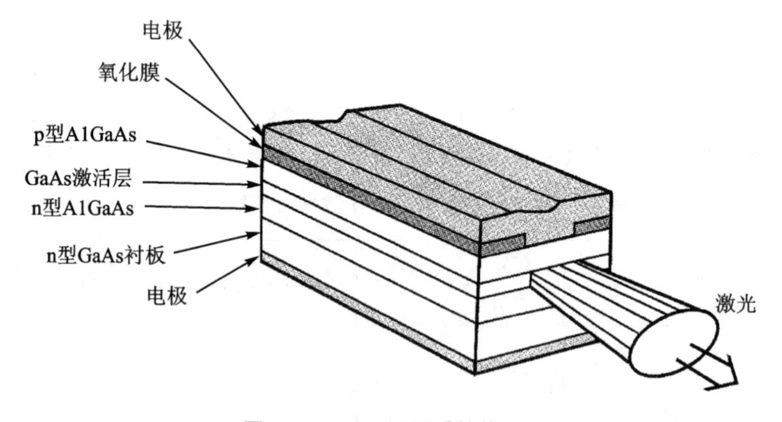

图1-2-14 双异质结构LD

目前大功率半导体激光器不断引入到工业应用中，这种激光器体积更紧凑，容易水冷且光电转换效率超过50%。

Rofin激光器公司的半导体激光器DL系列基于半导体单元冷却与堆栈技术的优化，可以达到与传统气体或固体激光器相竞争的功率。其光电转换效率高达25%，结构紧凑，免维护，功率范围达到750～3 000 W，主要应用于表面硬化、焊接、熔覆、钎焊、表面处理等。

⑤ 光纤激光器

光纤激光器是指利用掺稀土元素的玻璃光纤作为增益介质的激光器。光纤激光器一般用光纤光栅作为谐振腔，用半导体激光器作为泵浦源，泵浦光从合束器耦合进入增益光纤，在包层内多次反射穿过掺杂纤芯，选择合适的光纤长度和掺杂离子浓度可以实现对泵浦光的充分吸收，形成粒子数反转并输出激光，其光纤激光器结构图如图 1－2－15 所示。光纤激光器可采用整体化设计，泵浦源、增益介质、谐振腔、耦合输出等以光纤进行集成和连接，所有产生和传导激光束的元件构成了连续稳定的光波导结构，因此可靠性高、稳定性好、结构紧凑、制造成本较低。

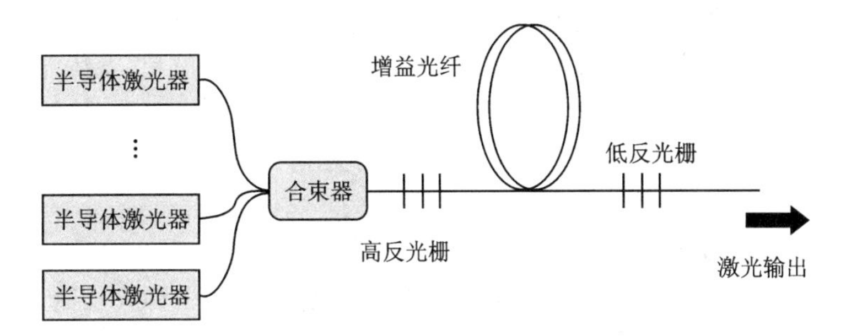

图 1－2－15　光纤激光器结构图

根据激光输出时域特性的不同，可将光纤激光器分为脉冲光纤激光器和连续光纤激光器。脉冲激光器的光调制模式通常采用调 Q 技术、光开关技术和锁模技术等。连续光纤激光器主要采用连续或长脉冲泵浦激励源，使增益介质维持稳定工作状态，释放出连续激光。

根据激光器中稳定运行的光波模式，可以将光纤激光器分为单模光纤激光器和多模光纤激光器。单模光纤激光器中一般采用单模光纤作为增益介质，激光器中只稳定运行基模模式激光。单模光纤激光器因基模激光良好的光束特性，激光能量集中、发散角小，因而在需要高能量密度的激光加工中很有优势，如金属薄板快速切割。而多模光纤激光器中不但有基模激光稳定运行，还存在有其他高阶模式的激光，由于运行不止一种光波模式，加之高阶模式激光本身固有的发散特性，因此在相同的输出功率下相对单模激光的能量密度较低、光束发散、光斑较大，比较适合于金属厚板切割、表面热处理、激光焊接、激光熔敷等需要较大加热面积而无需高功率密度的加工。单模激光器受限于光学特性，功率一般在 2 000 W 以下，多模激光器一般采取单模激光器合束方式，制成更高功率的激光器。

光纤激光器在生产组装过程中需要用到两类光学器件，即光无源器件和光有源器件。光无源器件主要包括隔离器、合束器、耦

合器、准直器、光纤光栅等只能传输激光而对传输激光的能量特性不改变的光器件。光有源器件主要包括泵浦激光器、光放大器、光波长转换器等能改变传输激光能量特性的光器件。

相对于其他激光器，光纤激光器具有输出激光光束质量好、能量密度高、电光效率高、使用方便、可加工材料范围广、综合运行成本低等技术性能和经济性能方面的优势，因此广泛应用于雕刻/打标、切割/钻孔、熔覆/焊接、表面处理、快速成形等材料加工和光通信等领域，被誉为“第三代激光器”，具有广阔的应用前景。

2. 激光加工分类

激光加工借助激光的热效应或高能光子引发/控制光化学反应实现对被加工对象的切削、焊接、热处理、光化学沉积、立体光刻等加工。随着激光技术的发展以及新型激光设备的出现，目前激光加工常用于切割、热处理、焊接、划片打孔、外雕、内雕等。

激光加工的分类有以下几种。

① 激光材料去除加工

在生产中常用的激光材料去除加工有激光打孔、激光切割、激光雕刻和激光刻蚀等。

② 激光材料增长加工

激光材料增长加工主要包括激光焊接、激光烧结和快速成形技术。

③ 激光材料改性

激光材料改性主要有激光热处理、激光强化、激光涂覆、激光合金化和激光非晶化、微晶化等。

④ 激光微细加工

激光微细加工起源于半导体制造工艺，是指加工尺寸在微米级范围的加工方式。纳米级微细加工方式也叫做超精细加工。目前激光的微细加工是研究热点和发展方向。

⑤ 其他激光加工

激光加工在其他领域中的应用有激光清洗、激光复合加工、激光抛光等。

3. 激光加工特点

激光加工技术是利用激光束与物质相互作用的特性对材料进行切割、焊接、表面处理、打孔、增材加工及微加工等的一门加工技术。激光加工技术是涉及光、机电、材料及检测等多门学科的综合技术，它的研究范围一般可分为激光加工系统和激光加工工艺。

激光加工与其他加工技术相比有其独特的特点和优势，主要特点如下。

- 非接触加工。激光加工属于无接触加工，切割不用刀具，切边无机械应力，也无刀具磨损和替换、拆装问题，因此可缩短加工时间；焊接无须电极和填充材料，再加上深熔焊接产生的纯化效应，使得焊缝杂质含量低、纯度高；聚焦激光束具有 106～1 012 W/cm^2 高功率密度，可以进行高速焊接和高速切割；利用光的无惯性，在高速焊接或切割中可急停和快速启动。
- 对加工材料热影响区小。激光束只是照射到物体表面的局部区域，虽然加工部位的温度较高，产生的热量很大，但加工时移动速度很快，热影响的区域很小，对非照射部位几乎没有影响。在实际热处理、切割、焊接过程中，加工工件基本没有变形。正是因为激光加工的这一特点，使其已被成功地应用于局部热处理和显像管焊接中。
- 加工灵活。激光束易于聚焦、发散和导向，可以很方便地得到不同的光斑尺寸和功率，以适应不同的加工要求。通过调节外光路系统改变光束的方向，与数控机床、机器人进行连接构成各种加工系统，可对复杂工件进行加工。激光加工不受电磁干扰，可以在大气环境中进行加工。
- 可以进行微区加工。激光束不仅可以聚焦，而且可以聚焦到波长级光斑，使用这种微小的高能量光斑可以进行微区加工。
- 可以透过透明介质对密封容器内的工件进行加工。
- 可以加工高硬度、高脆性、高熔点的金属及非金属材料。

项目 2　激光切割原理及特点

任务 1　激光切割概述

1. 激光切割原理

激光切割是利用经聚焦的高功率密度激光束照射工件，在激光束能量作用下（氧助切割机制下，还要加上喷氧气与到达燃点的金属发生放热反应放出的热量），材料表面被迅速（毫秒范围）加热到几千乃至上万度（℃），使被照射的材料迅速熔化、汽化、烧蚀或达到燃点，同时借助与光束同轴的高速气流（氧气或氮气等惰性气体）吹除熔融物质，从而实现将工件割开。脉冲激光适用于金属材料，连续激光适用于非金属材料，后者是激光切割技术的重要应用领域。激光切割属于热切割方法之一，其原理见图 2－1－1。

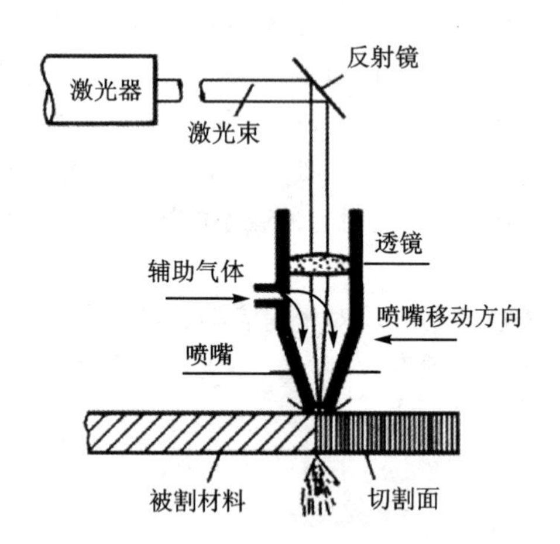

图 2－1－1　激光切割原理

该技术采用激光束照射到钢板表面时释放的能量来使不锈钢熔化并蒸发。激光源一般采用二氧化碳激光束，工作功率为 500～2 500 W。该功率比许多家用电暖气所需要的功率还低，但是通过透镜和反射镜，激光束聚集在很小的区域，能量的高度集中能够迅速进行局部加热，使不锈钢蒸发。此外，由于能量非常集中，仅有少量热传到钢材的其他部分，所造成的变形很小或没有变形。利用激光可以非常准确地切割复杂形状的坯料，所切割的坯料不必再做进一步处理。

2. 激光切割分类及特点

(1) 激光切割的分类

激光切割可分为激光汽化切割、激光熔化切割、激光氧气切割和激光划片与控制断裂四类。

1) 激光汽化切割

利用高能量密度的激光束加热工件，使温度迅速上升，在非常短的时间内达到材料的沸点，材料开始汽化，形成蒸气。这些蒸气的喷出速度很大，喷出的同时在材料上形成切口。材料的汽化热一般较大，所以激光汽化切割时需要很大的功率和功率密度。

激光汽化切割多用于极薄金属材料和非金属材料（如纸、布、木材、塑料和橡皮等）的切割。

2) 激光熔化切割

激光熔化切割时，用激光加热使金属材料熔化，然后通过与光束同轴的喷嘴喷吹非氧化性气体（Ar、He、N 等），依靠气体的强大压力使液态金属排出，形成切口。激光熔化切割不需要使金属完全汽化，所需能量只有汽化切割的 1/10。

激光熔化切割主要用于一些不易氧化的材料或活性金属的切割，如不锈钢、钛、铝及其合金等。

3) 激光氧气切割

激光氧气切割原理类似于氧乙炔切割。它是用激光作为预热热源，用氧气等活性气体作为切割气体。喷吹出的气体一方面与切割金属作用，发生氧化反应，放出大量的氧化热；另一方面把熔融的氧化物和熔化物从反应区吹出，在金属中形成切口。由于切割过程中的氧化反应产生了大量的热，所以激光氧气切割所需要的能量只是熔化切割的 1/2，而切割速度远远大于激光汽化切割和熔化切割。

激光氧气切割主要用于碳钢、钛钢以及热处理钢等易氧化的金属材料。

4) 激光划片与控制断裂

激光划片是利用高能量密度的激光在脆性材料的表面进行扫描，使材料受热蒸发出一条小槽，然后施加一定的压力，脆性材料就会沿小槽处裂开。激光划片用的激光器一般为 Q 开关激光器和 CO_2 激光器。

控制断裂是利用激光刻槽时所产生的陡峭的温度分布，在脆性材料中产生局部热应力，使材料沿小槽断开。

(2) 激光切割的特点

激光切割与其他热切割方法相比较，总的特点是切割速度快、

质量高。具体概括为以下几个方面。

1）切割质量好

由于激光光斑小、能量密度高、切割速度快，因此激光切割能够获得较好的切割质量。

- 激光切割切口细窄，切缝两边平行并且与表面垂直，切割零件的尺寸精度可达±0.05 mm。
- 切割表面光洁美观，表面粗糙度只有几十微米，激光切割甚至可以作为最后一道工序，无需机械加工，零部件可直接使用。
- 材料经过激光切割后，热影响区宽度很小，切缝附近材料的性能也几乎不受影响，并且工件变形小、切割精度高、切缝的几何形状好，切缝横截面形状呈现较为规则的长方形。

激光切割、氧乙炔切割和等离子切割方法的比较见表2-1-1，切割材料为6.2 mm厚的低碳钢板。

表2-1-1　激光切割、氧乙炔切割和等离子切割方法的比较

切割方法	切缝宽度/mm	热影响区宽度/mm	切缝形态	切割速度	设备费用
激光切割	0.2～0.3	0.04～0.06	平行	快	高
氧乙炔切割	0.9～1.2	0.6～1.2	比较平行	慢	低
等离子切割	3.0～4.0	0.5～1.0	楔形且倾斜	快	中高

2）切割效率高

由于激光的传输特性，激光切割机上一般配有多台数控工作台，整个切割过程可以全部实现数控。操作时，只需改变数控程序，就可适用于不同形状零件的切割，既可进行二维切割，又可实现三维切割。

3）切割速度快

用功率为1 200 W的激光切割2 mm厚的低碳钢板，切割速度可达600 cm/min；切割5 mm厚的聚丙烯树脂板，切割速度可达1 200 cm/min。材料在激光切割时不需要装夹固定，既节省了工装夹具，又节省了上下料的辅助时间。

4）非接触式切割

激光切割时割炬与工件无接触，不存在工具的磨损。加工不同形状的零件，不需要更换"刀具"，只需改变激光器的输出参数。激光切割过程噪声低、振动小、无污染。

5）切割材料的种类多

与氧乙炔切割和等离子切割比较，激光切割材料的种类多，包括金属、非金属、金属基和非金属基复合材料、皮革、木材及纤维

等。不同的材料,由于其自身的热物理性能及对激光的吸收率不同,表现出不同的激光切割适应性。

6) 缺　点

由于受激光器功率和设备体积的限制,激光切割只能切割中、小厚度的板材和管材,而且随着工件厚度的增加,切割速度明显下降。另外,激光切割设备费用高,一次性投资大。

(3) 激光切割的应用范围

大多数激光切割机都由数控程序进行控制操作或做成切割机器人。激光切割作为一种精密的加工方法,几乎可以切割所有的材料,包括薄金属板的二维切割或三维切割。

在汽车制造领域,汽车顶窗等空间曲线的切割技术都已经获得广泛应用。德国大众汽车公司用功率为500 W的激光器切割形状复杂的车身薄板及各种曲面件。在航空航天领域,激光切割技术主要用于特种航空材料的切割,如钛合金、铝合金、镍合金、铬合金、不锈钢、氧化铍、复合材料、塑料、陶瓷及石英等。用激光切割加工的航空航天零部件有发动机火焰筒、钛合金薄壁机匣、飞机框架、钛合金蒙皮、机翼长桁、尾翼壁板、直升机主旋翼、航天飞机陶瓷隔热瓦等。

激光切割成形技术在非金属材料领域也有着较为广泛的应用。它不仅可以切割硬度高、脆性大的材料,如氮化硅、陶瓷、石英等;还能切割加工柔性材料,如布料、纸张、塑料板、橡胶等,如用激光进行服装剪裁,可节约衣料10%～12%,提高功效3倍以上。

任务2　激光切割技术的应用与内雕技术的发展

1. 激光切割技术的发展

激光切割是激光加工行业中最量要的一项应用技术,已广泛地应用于汽车、机车车辆制造、航空、化工、轻工、电器与电子、石油和冶金等工业部门。近年来,激光切割技术发展很快,国际上每年都以20%～30%的速度增长。我国自1985年以来,更以每年25%以上的速度增长。由于我国激光工业基础较差,激光加工技术的应用尚不普遍,激光加工整体水平与先进国家相比仍有较大差距,但相信随着激光加工技术的不断进步,这些障碍和不足会得到解决,激光切割技术必将成为21世纪不可缺少的重要的钣金加工手段。激光切割加工广阔的应用市场,加上现代科学技术的迅猛发展,使得国内外科技工作者对激光切割加工技术进行不断探入的研究,推动着激光切割技术不断创新,激光切割技术的发展方

向如下。

- 伴随着激光器向大功率发展以及采用高性能的CNC及伺服系统，使用高功率的激光切割可获得高加工速度，同时减小热影响区和热畸变；所能够切割的材料板厚也将进一步地提高，高功率激光可以通过使用Q开关或加载脉冲波使低功率激光器产生出高功率激光。
- 根据激光切割工艺参数的影响情况改进加工工艺。如增加辅助气体对切割熔渣的吹力、加入造渣剂提高熔体的流动性、增加辅助能源并改善能量之间的耦合，以及改用吸收率更高的激光切割。
- 激光切割将向高度自动化、智能化方向发展。将CAD/CAPP/CAM以及人工智能运用于激光切割，研制出高度自动化的多功能激光加工系统。
- 根据加工速度自适应地控制激光功率和激光模式，或建立工艺数据库和专家自适应控制系统使得激光切割整机性能普遍提高。以数据库为系统核心，面向通用化CAPP开发工具，对激光切割工艺设计所涉及的各类数据进行分析，建立相适应的数据库结构。
- 发展多功能的激光加工中心，将激光切割、激光焊接以及热处理等各道工序后的质量反馈集成在一起，充分发挥激光加工的整体优势。
- 随着互联网和网络技术的发展，建立基于网络的网络数据库，采用模糊推理机制和人工神经网络来自动确定激光切割工艺参数，并且能够远程异地访问和控制激光切割过程成了不可避免的趋势。
- 三维高精度大型数控激光切割机及其切割工艺技术。为了满足汽车和航空等工业的立体工件切割的需要，三维激光切割机正向高效率、高精度、多功能和高适应性方向发展，激光切割机器人的应用范围将会愈来愈大。激光切割正向着激光切割单元FMC、无人化和自动化方向发展。

2. 激光切割技术在生产中的应用

激光切割是激光加工行业中最重要的一项应用技术，占整个激光加工业的70%以上。激光切割与其他切割方法相比，最大的区别是具有高速、高精度及高适应性的特点。同时，它还具有割缝细、热影响区小、切割面质量好、切割时无噪声、切割过程容易实现自动化控制等优点。激光切割板材时不需要模具，可以替代一些需要采用复杂大型模具的冲切加工方法，能大大缩短生产周期和降低成本。因此，目前激光切割已广泛地应用于汽车、机车车辆制

造、航空、化工、轻工、电器与电子、石油和冶金等工业部门中。

激光切割主要是 CO_2 激光切割，即用聚焦镜将 CO_2 激光束聚焦在材料表面使材料熔化，同时用与激光束同轴的压缩气体吹走被熔化的材料，并使激光束与材料沿一定轨迹作相对运动，从而形成一定形状的切缝。激光切割技术广泛应用于金属和非金属材料的加工中，可大大减少加工时间，降低加工成本，提高工件质量。

激光束聚焦成很小的光点（其最小直径可小于 0.1 mm），使焦点处达到很高的功率密度（可超过 10^6 W/cm^2）。这时光束输入（由光能转换）的热量远远超过被材料反射、传导或扩散部分，材料很快加热至汽化湿度，蒸发形成孔洞。随着光束与材料相对线性移动，使孔洞连续形成宽度很窄（如 0.1 mm 左右）的切缝。切边热影响很小，基本没有工件变形。

切割过程中还添加与被切割材料相适合的辅助气体。钢切割时需要用氧作为辅助气体与溶融金属产生放热化学反应，从而氧化材料，同时帮助吹走割缝内的熔渣。切割聚丙烯一类的塑料使用压缩空气，切割棉、纸等易燃材料使用惰性气体。进入喷嘴的辅助气体还能冷却聚焦透镜，防止烟尘进入透镜座内污染镜片并导致镜片过热。

绝大多数有机与无机材料都可以用激光切割。许多金属材料都可进行无变形切割。当然，对高反射率材料，如金、银、铜和铝合金，它们也是很好的传热导体，因此激光切割很困难，甚至不能切割。

激光切割无毛刺、皱折，精度高，优于等离子切割。对许多机电制造行业来说，由于微机程序的现代化激光切割系统能方便地切割不同形状与尺寸的工件，其往往比冲切、模压工艺更被优先选用；尽管其加工速度慢于模冲，但由于没有模具消耗，无需修理模具，还节约更换模具时间，从而节省加工费用，降低产品成本，所以从总体上讲更为经济划算。

另外，从如何使模具适应工件设计尺寸和形状变化角度看，激光切割也可发挥其精确、重现性好的优势。作为层叠模具的优先制造手段，由于不需要高级模具制作工，激光切割运转费用也并不昂贵，能显著地降低模具制造费用。激光切割模具带来的另一个附加好处是模具切边会产生一个浅硬化层，提高模具运行中的耐磨性。激光切割的无接触特点给圆锯片切割成形带来无应力优势，由此提高了使用寿命。

3. 激光雕刻技术的异军突起

21世纪，新技术蓬勃发展，其在推进经济发展、改变人类物质文化生活方面的作用比人类发展历史中任何一个时代都要突出和显著。互联网技术、智能制造技术、3D打印技术和激光雕刻技术都成为这个时代的代名词，其中由激光切割技术发展而兴起的激光雕刻技术给蓬勃发展的社会经济和文化生活带来了新的生产动力和视觉体验。

激光与自然界其他发光体一样，是由原子(分子或离子等)跃迁产生的，而且是自发辐射引起的，但它与普通光不同的是激光仅在最初极短的时间内依赖于自发辐射，此后的过程完全由激辐射决定，因此激光具有非常纯正的颜色、几乎无发散的方向性，以及极高的发光强度。激光同时又具有高相干性、高强度、高方向性的特点，激光通过激光器产生后由反射镜传递并通过聚集镜照射到加工物品上，使加工物品(表面)因强大的热能而温度急剧增加，该点因高温而迅速融化或汽化，配合激光头的运行轨迹达到加工的目的。激光切割加工技术要有激光切割、激光雕刻两种工作方式，每一种工作方式在操作流程中有一些不尽相同的地方，由于激光雕刻技术特别是激光内雕技术在社会和生活中应用较多，本教材重点讲解激光内雕加工的操作流程和加工工艺。

激光雕刻主要在物体的表面进行，分为位图雕刻和矢量雕刻两种。

- 位图雕刻：先在 Photoshop 里将所需要雕刻的图形进行挂网处理并转化为单色 BMP 格式，而后在专用的激光雕刻切割软件中打开该图形文件。根据所加工的材料进行合适的参数设置就可以了，而后单击“运行”，激光雕刻机就会根据图形文件产生的点阵效果进行雕刻。
- 矢量雕刻：使用矢量软件如 Coreldraw、AutoCAD、Iluustrator 等排版设计，并将图形导出为 PLT、DXF、AI、CDR、DWG、EPS 等格式，再用专用的激光切割雕刻软件打开该图形文件，传送到激光雕刻机里进行加工。

在广告行业主要适用于木板、双色板、有机玻璃、彩色纸等材料的加工。

激光切割即切割分离。其加工过程是先在 CorelDraw、AutoCAD 里将图形做成矢量线条的形式，气动打标机，然后存为相应的 PLT、DXF 格式，用激光切割机操作软件打开该文件，结合加工工艺进行能量和速度等参数的设置，即可实现加工。

任务 3　激光内雕原理及其操作流程

1. 激光切割中的激光内雕

(1) 激光内雕的基本原理

激光的光场或电场达到一定强度,激光与物质的非线性相互作用,这一点可以从极化偶极矩的表达式中看出,当电场很大的时候,会产生非线性现象,这也就是所谓的非线性光学。因此电场与物质是相互作用的,如果电场很小,表达式中的非线性项可以忽略,产生的偶极子实际上与电场成正比(即线性效应),而当电场很大时,非线性项不能再被忽略,因而可以产生二次倍频、混频等现象。由此可以预测,当光电场达到近 1 kV/cm 时,在光波波段也会产生类似的非线性现象,通过激光在石英玻璃的透过率 T 与波长 1.06 μm 激光束强度的曲线实验验证了这一点。如图 2-3-1 所示,激光的"异常吸收"曲线图表现出的特性被称为"异常吸收",激光内雕的原理就是利用材料对高强度激光的非线性"异常吸收"现象,使激光在透明物体内产生损伤点。

激光内雕的过程是:当波长为 1.06 μm 的激光束强度大于 10^7 W·mm^{-2}(由激光束穿过的介质即石英玻璃决定)时,由于极强的非线性效应,能被石英玻璃"异常吸收",造成多光子电离损伤并产生等离子体,使透明材料的体内形成损伤,从玻璃外面看呈现一个"小白斑",从而实现对石英石或人造水晶进行内部雕刻加工。

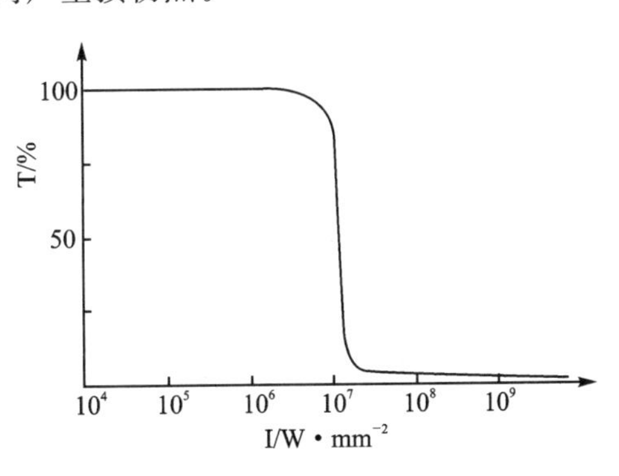

图 2-3-1　激光的"异常吸收"曲线图

已知石英玻璃的非线性性系数的典型值 $\delta \approx 3\times10^{-14}$ mm^2·W^{-1},在强度大于 10^7 W·mm^2 时,该非线性效应会非常明显,因此把能量密度大于使玻璃破坏的临界值称为阈值,它是实现激光内雕的前提条件之一;又因为石英玻璃内部的激光束呈高斯分布时,上述非线性效应导致折射率在射束中心达到最大值并向外衰减,因而基于这种径向阶梯折射率对激光束的作用如同透镜原理,即通过聚焦可提高光强度,这导致透镜效应进一步加大,又进一步引起更强的聚焦等,直至最终"电介质击穿"从而实现激光内雕,因此聚焦调

焦装置是激光内雕的关键环节。

(2) 激光内雕涉及控制的物理参数

前面已经讲过，当激光束强度大于 $10^7\ \mathrm{W\cdot mm^{-2}}$ 时产生极强非线性效应，是在石英玻璃中产生“异常吸收”的前提，因此在激光内雕中必须增强激光束强度，对于一台额定功率的激光内雕设备来讲，一般采用光束进行有效的聚焦调整来控制功率密度进而实现对内雕过程，由模高斯光束的聚焦性能推得：

$$\omega_c = \frac{2\lambda f}{\pi\omega_0}$$

ω_0 是入射高斯光束的束腰半径、ω_c 是出射光束的束腰半径、f 是透镜的焦距、λ 是入射光束的波长；在激光内雕设备中，将聚焦点与最后一个镜面的距离称为工作距离 L；当工作距离 L 越大、透镜焦距 f 越小、入射光束的束腰半径 ω_0 越大时，则聚焦所得的光斑直径越小，因此工作距离 L 是激光内雕操作中调整的重要参数。同时，为避免激光对非焦点处石英玻璃的破坏，可以先对激光进行扩束，增大入射光束的束腰半径。这样聚焦点的光斑更小，聚焦点的功率密度更大，从而使焦点处的材料很容易受到破坏，达到激光内雕的目的。

(3) 激光内雕现状及其发展方向

目前激光雕刻设备基本都是采用半导体激光器，基于半导体激光器各自的优缺点，一般主要采用电光调 Q 激光器和声光调 Q 激光器两种。电光调 Q 和声光调 Q 方式由于脉宽窄、峰值功率高，每个脉冲都会达到水晶的爆炸点，因此特别适用于水晶内雕；但它们也有不足之处，即电光调 Q 在高频下不稳定，声光调 Q 峰值功率不够高。

市场上流行的激光内雕基本是以原色激光内雕为主，由于空白部分对光线具有较好的通透性能，虽然可通过系统依据三基色调色板原理，分别控制不同色彩的灯，实现“内雕”图像的混色，从而使原本白色的内雕图像呈现出五彩缤纷、光彩夺目的效果，但终究达不到如彩色内雕那样绚丽的色彩。目前基于多光子吸收的水晶激光内雕技术在技术上实现了彩色加工，但还没能实现市场化和规模化，因此激光内雕的方向必然向激光彩色内雕发展。彩色内雕的实现主要取决于两个技术层面上的控制，首先是对颜色的控制，基于多光子吸收技术现阶段已实现了红、黄、紫、蓝、灰等单色内雕，且能够随意控制每一种色彩深浅，并逐渐开展红黄蓝三基色协调研究，使激光内雕图案从单一色彩变为真正意义上的全彩；其次是基于内雕原理开展新材料的试用，尝试能否通过光束强度实现对颜色的控制，同时进一步降低材料成本。

2. 激光内雕操作步骤

激光内雕的实现包括图形设计、点云的数据处理与生成、激光雕刻三个阶段，如图 2－3－2 所示。

图形设计一般是对内雕图案或模型进行设计，设计过程可使用现在通用的设计软件，如 AutoCAD、CorelDRAW、SolidWorks、UG 等平面设计软件或三维建模软件。由于激光雕刻中位图雕刻和矢量雕刻分别有自己兼容的图形文件格式，如位图雕刻一般兼容 BMP 等格式、矢量雕刻一般兼容 PLT、DXF、AI、CDR、DWG、EPS 等格式，因此，设计的图形文件格式如果与激光内雕设备兼容的图形文件格式不一致，还需要用 Photoshop 等图像处理软件进行格式转换。当然也可使用激光内雕专用设计软件，由于激光内雕设备各种各样，不同的设备制造商也相应地开发了配套的设计软件，这里不再赘述。

点云的数据处理与生成主要通过 3Dvision、3DCrystal、Laserimage、3D Image 等点云处理软件将前期设计的图案转变成点云图形或模型，同时对转换过程中存在的不符合内雕工艺或转换有误的点云进行裁剪、修饰，最终形成符合激光内雕工艺的点云数据，并导出数据模型以备加工。

激光雕刻是通过硬件配套雕刻软件进行雕刻操作，常用内调软件有 Lasercontrol、3DCraft、LaserCut 等，虽然软件各有差异，但其整体操作步骤基本一致，如图 2－3－3 所示。

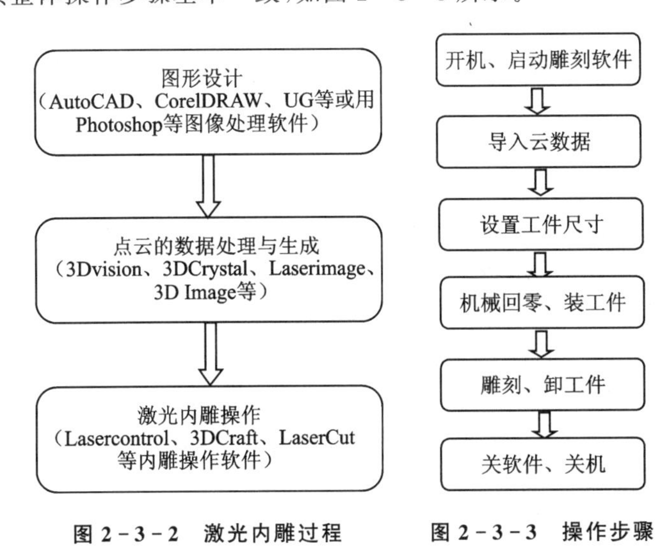

图 2－3－2　激光内雕过程　　图 2－3－3　操作步骤

本教材将基于特定的激光内雕软件讲解激光内雕过程中点云数据的处理和激光内雕操作步骤，具体操作都与具体任务相结合，请结合具体任务深入学习。

项目3 布点软件的使用与点云生成

任务1 布点软件介绍及2D点云生成

1. 布点软件介绍、安装及界面认识

(1) 布点软件安装

布点软件 Dots Cloud 采用密码狗加密，因此首先要将 CD 光盘放入光驱，待 CD 光盘内容读取，把 CD 内 Dots Cloud 程序复制到电脑硬盘根目录下，或直接通过 U 盘拷到电脑硬盘根目录下；其次将对应版本的密码狗插到电脑 USB 接口上，待电脑加载成功，电脑右下方出现“成功安装了设备驱动程序”，如图 3-1-1 所示。

图 3-1-1

待密码狗成功加载后，且加密锁上绿灯在亮或闪动，才能打开程序并正常使用。

(2) 布点软件界面操作

1) 界面窗口

Dots Cloud 用户界面包括标题栏、功能栏、下拉菜单、操作图标、模块窗口、显示窗口、实际内雕图案尺寸显示栏、点数显示栏等，如图 3-1-2 所示，图中所示的黄色框线是水晶方体大小显示框，中间是三维坐标显示 X、Y、Z，框内是实际内雕图案显示区。

① 功能栏

功能栏中包括文件、图形设置、层操作、点云编辑、参数、语言菜单，文件下拉菜单主要包括工具命令。

a. 文件：文件下拉菜单主要包括打开 Dxf 文件、打开 OBJ 文件、打开图片、引入文件、打开备份文件、备份文件、保存点云等功能，如图 3-1-3 所示，通过鼠标可以拖动工具条，把鼠标放在工具图标区，按左键显示移动标志即可。

b. 图形设置：图形设置下拉菜单主要包括基本设置、图形居中、纹理设置三类，如图 3-1-4 所示，通过鼠标可以拖动工具条，把鼠标放在工具图标区，按左键显示移动标志即可。

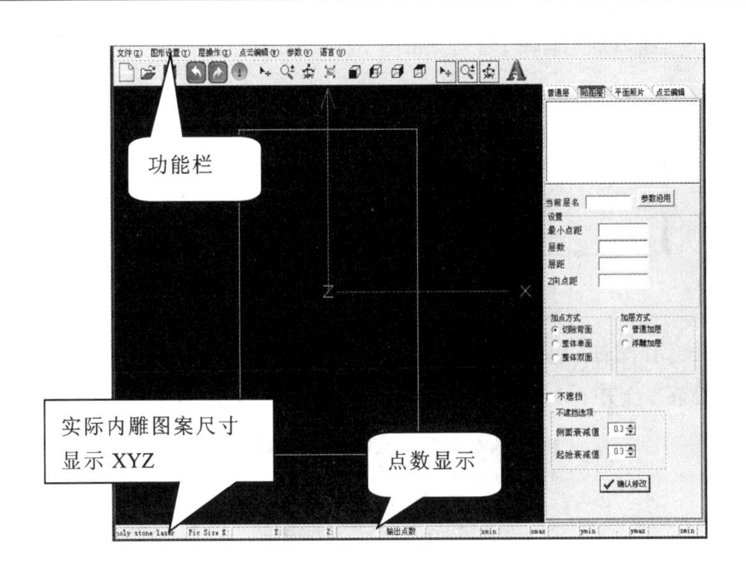

图 3－1－2

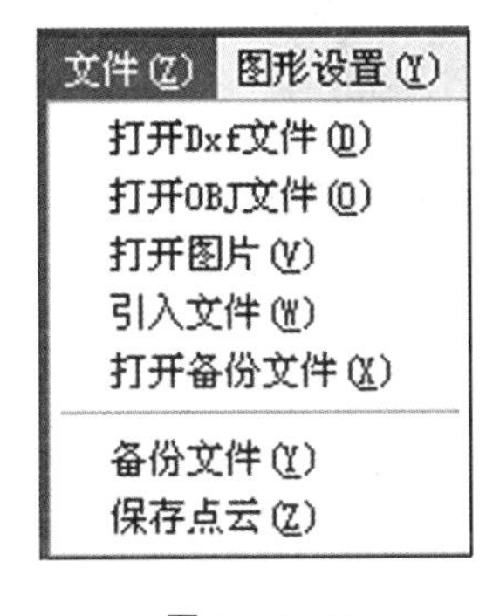

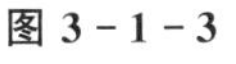

图 3－1－3

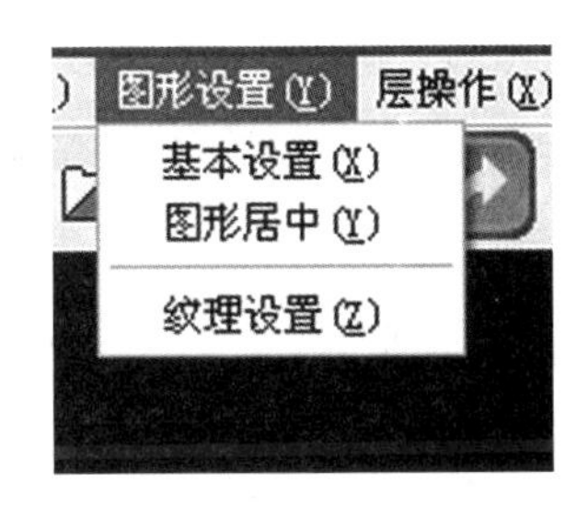

图 3－1－4

● 基本设置与图形居中：基本设置是指对图片实际尺寸、缩放比例、旋转角度和待加工晶体大小进行设置，如图 3－1－5 所示，而图形居中是指将图形的位置中心重合于默认坐标原点。

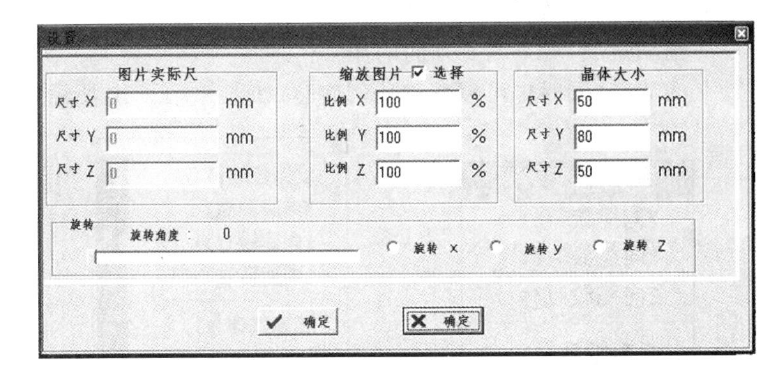

图 3－1－5

● 纹理设置：纹理设置主要是对图层名称及图片名称进行设

置,以便编辑、管理,如图 3-1-6 所示。

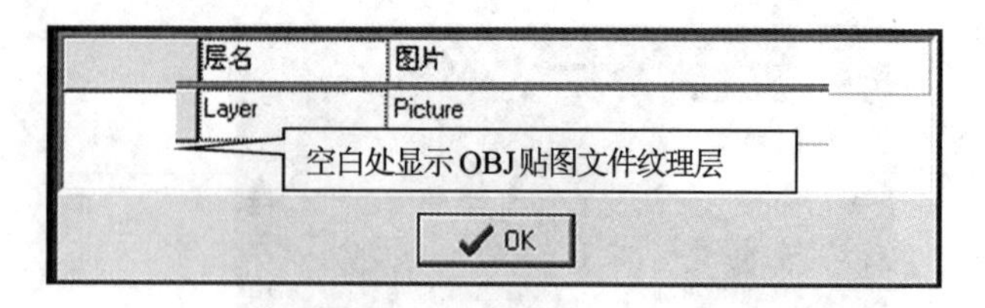

图 3-1-6

c. 层操作:层操作主要是指对图层的操作,如图层的移动、缩放、旋转、合并、分离、旋转层面等,如图 3-1-7 所示。

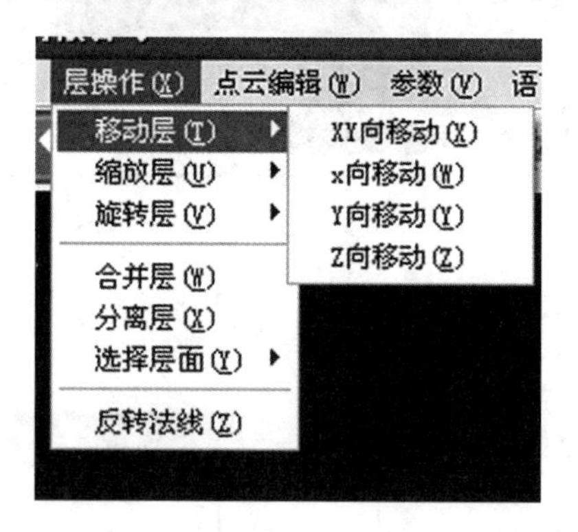

图 3-1-7

- 移动层:移动层可实施 XY 方向的联动操作,也可以实施 X、Y、Z 方向的单向操作,如图 3-1-8 所示。
- 缩放层:缩放层主要包括 XYZ 联动的整体缩放,X、Y、Z 方向的单向缩放,同时也可以精确比例缩放,如图 3-1-9 所示。

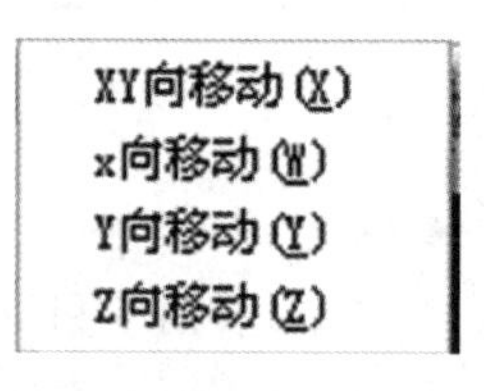

图 3-1-8

- 旋转层:旋转层主要包括任意拖动旋转,X、Y、Z 方向的单向旋转,同时也可以精确比例旋转,如图 3-1-10 所示。

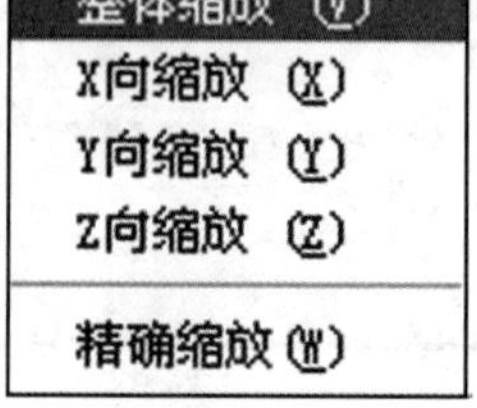

图 3-1-9

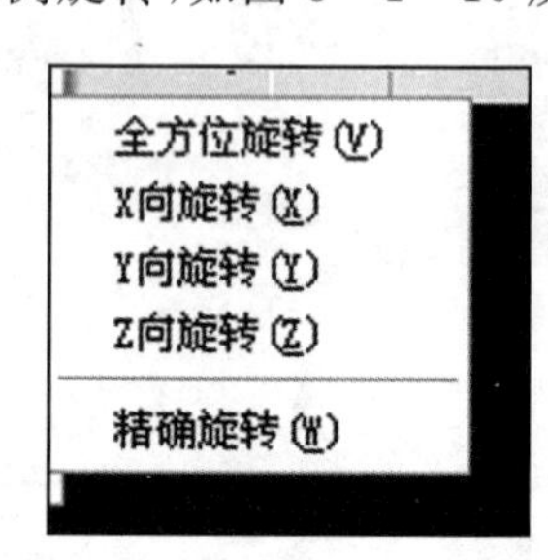

图 3-1-10

● 选择层面：选择层面主要有框选和多边形套索，如图 3－1－11 所示。

图 3－1－11

d. 点云编辑：点云编辑主要是指点云的操作，如点云的选择、删除、编辑等，如图 3－1－12 所示。

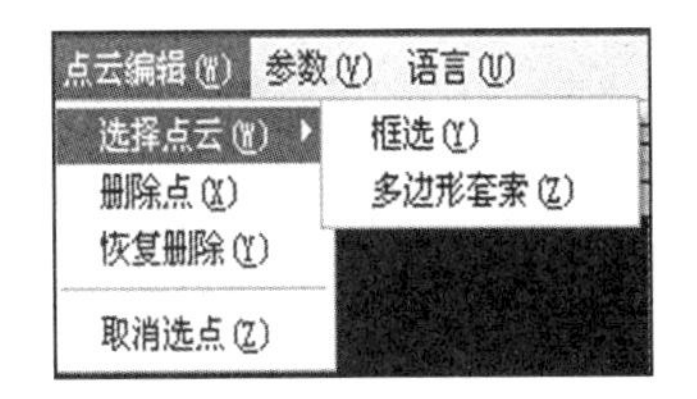

图 3－1－12

e. 参数：参数主要是普通层参数和贴图参数设置，如图 3－1－13 所示。

f. 语言：语言主要是对软件显示语言类型的设置，如图 3－1－14 所示。

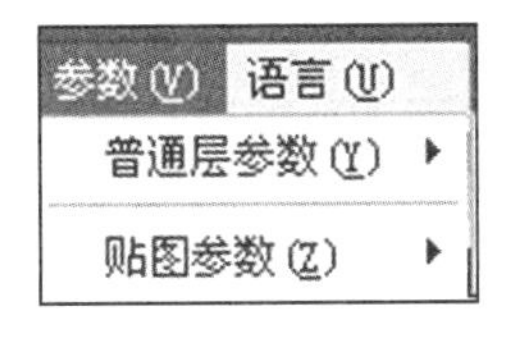

图 3－1－13

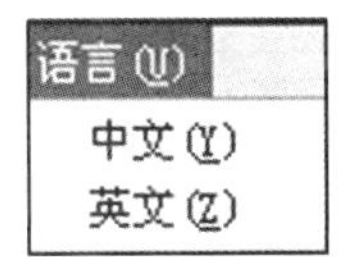

图 3－1－14

② 模块窗口

模块窗口主要用于显示普通 DXF、贴图 OBJ、照片 JPG/BMP，生成点云的参数，以及进行点云编辑，如图 3－1－15 所示，具体图层参数设置后面会详细叙述，这里不再赘述。

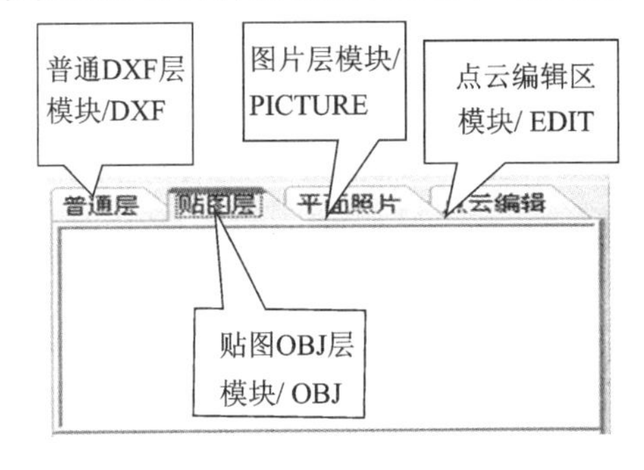

图 3－1－15

③ 标题栏

标题栏主要显示程序版本及授权单位。

④ 功能栏

功能栏主要显示一些常用操作和编辑工具，如图 3-1-16 所示，右击工具栏打开工具属性，不勾选“显示功能栏”选项可以隐藏功能栏图标。

图 3-1-16

2）工具列

按键的具体功能如表 3-1-1 所示。

表 3-1-1　按钮功能

功能键图标	功　能
	清空工作区域
	打开文件
	保存点云文件
	向后返回
	向前返回
	显示界面放大缩小
	显示界面移动
	开始产生点云
	显示界面旋转
	双击鼠标界面居中
	视图显示：正面/左侧/右侧/顶面显示
	移动所选图层
	缩放选中的图层、控制内雕图案的大小比例
	旋转选中的图层，但一般不使用这个工具，使用精确旋转工具
	输入文字

3）模块区域

普通DXF文件模块参数设置如图3－1－17所示。在图层显示处选择图层名称即可对其参数进行设置，设置内容包括点距、面点距、规则侧距、Z向浓度。以上四种参数对应不同点的控制方式：如线点距参数是控制线之间的点距，以线点距的控制形式呈现；面加点参数则是以控制线或面之间的控制形式呈现；规则侧距参数是通过方形规则点A、方形规则点B等控制形式呈现；Z向浓度则属于随机点的控制。因此可简单归纳为：线加点改线点距，面加点改面点距，线面加点线面点距都可以改变，但线较面改变较大。

Z向浓度则用于控制用随机点，规则侧面点距是指方形规则点AB、菱形规则点等点距的控制。以上点形控制模式每次只能选择一种。参数沿用主要用于可以用同样参数算的层。加层设置则是参数全部默认。确认修改即在选择层设置好参数予以确认，然后再选择下一层文件改参数。

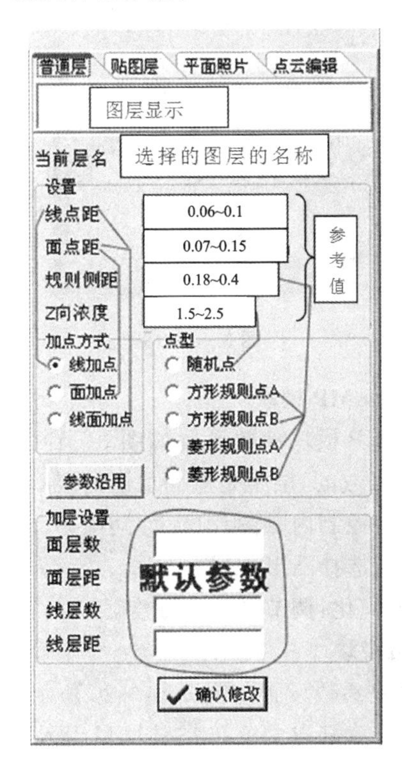

图3－1－17

4）贴图OBJ模块

贴图OBJ模块参数设置如图3－1－18所示。最小点距和层数控制内雕图案点数，层距是指模型各点云层之间的距离。

① 加点方式

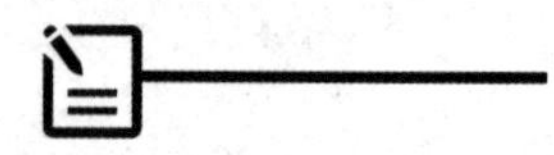

- 切除背面：180°算点模式；
- 整体单面：360°成点，只有前面 180°是贴图；
- 整体单面：前后贴图，且 360°贴图。

② 加层方式

普通加层和浮雕加层效果一样，不遮挡是对贴图文件有遮挡部分起作用，一般不勾选。

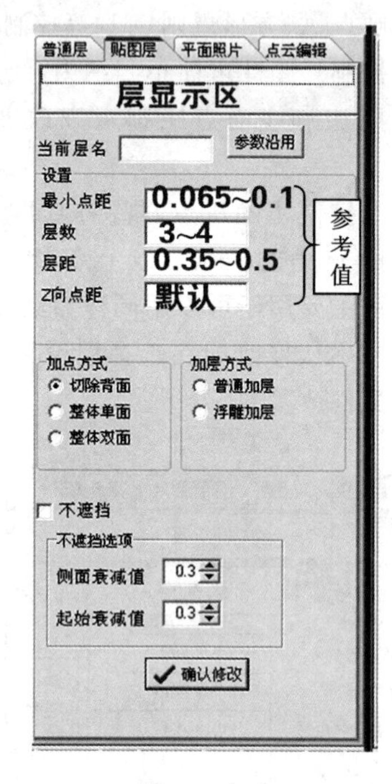

图 3-1-18

5) 照片 JPG/BMP 模块

照片 JPG/BMP 模块参数设置如图 3-1-19 所示。最小点距和层数是控制点数的，层距是侧面加层的层间距。

- 缩放系数：控制内雕图片尺寸大小；
- 加层方式：选择凸形加层；
- 图形灰度优化：调节图片清晰度。

6) 点云编辑模块

点云编辑模块参数设置如图 3-1-20 所示。

- 引入点云：算好点的文件需从这里引入，可以引入多个文件合并；
- 清空点云：清空引入点云文件；
- XYZ/X/Y/Z 移动：移动所选引入文件到需要的位置；
- 单选：只能选择一次；
- 多选：多次选择；
- 框形选择：用方框的形状选择；

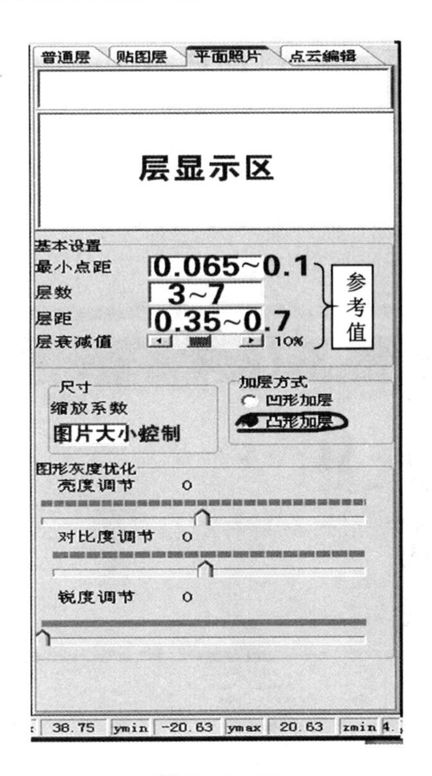

图 3-1-19

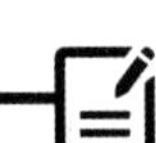

- 多边形选择:用多点成形的方式选择;
- 反选:选择未选的文件删除点云,删除不用的点;
- 恢复删除:把所删除的文件恢复。

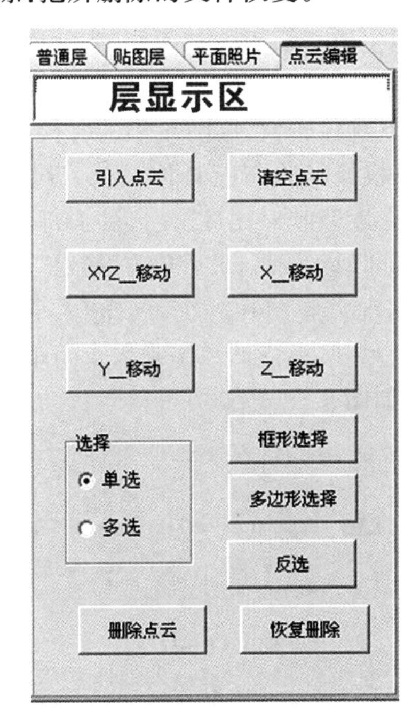

图 3-1-20

2. 静态 2D 点云生成(图片和文字)

(1) 静态 2D 点云:

- 选择菜单栏“点云”→“静态点云”,或直接单击“模型编辑工具栏”中的“静态点云”,系统弹出“点云生成”对话框,单击图像,打开所要生成点云的图片(见图 3-1-21)。

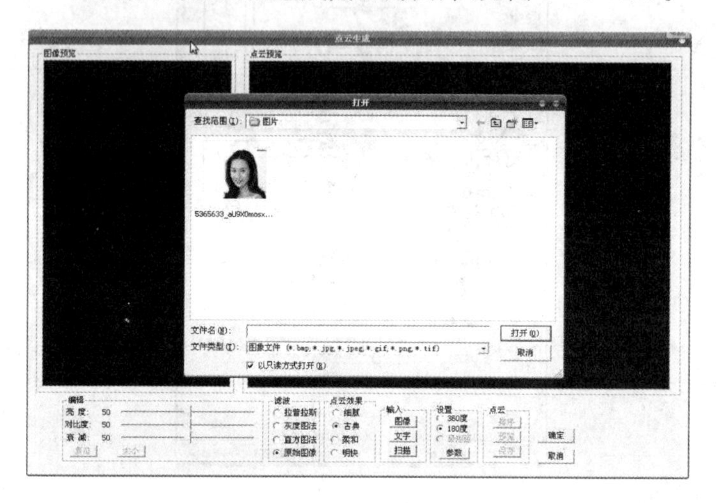

图 3-1-21

- 再选择“参数”进行调整,把文字点云 XY 向点间距,层数和层间距设置为合适状态。“层数”表示该点云模型的点云层数,层数越多,模型亮度越高,但点数也越多,本软件最多可对一个模型生成 7 层点云;“间距”表示模型各点云层之间的距离,一般设定在 0.35~0.45 之间,根据激光点的粗细决定,若激光点直径较大,层间距小的时候,容易发生爆点现象。用户可根据经验判断具体数值,设置完成后单击“确定”;调节“亮度”和“对比度”使人的面部轮廓清晰可见,然后单击“预览”观察效果,最后单击“确定”开始生成点云。
- 根据水晶情况调整图片大小,选择“大小”,这时可以看到图片的原始尺寸,框内的数字乘以点间距即可得到图片的大小数据,如图 3-1-22 所示。

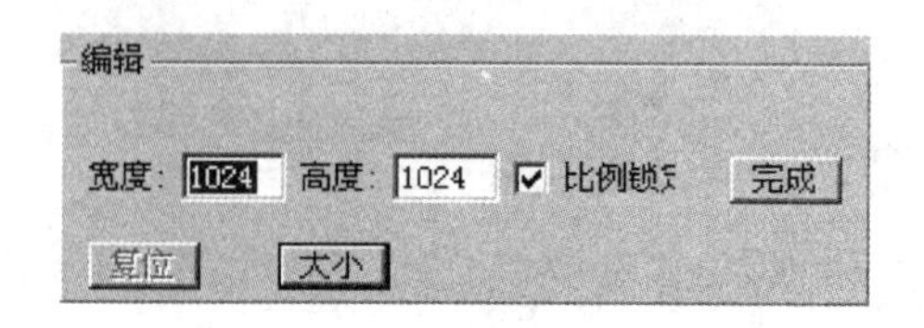

图 3-1-22

如果点间距是 0.1 mm,则该图片尺寸为 1024×0.1 mm=

102.4 mm。这时需要根据水晶框的尺寸来调节图片的尺寸，设置后单击“完成”。需要注意图片的大小不能超出水晶框，否则数据将无法被完整的雕刻到水晶框里。

(2) 文字点云

如果想加入一些纪念性的文字，可以通过如下方式实现：

- 选择菜单项中的“点云”→“文字点云”，或单击“模型编辑工具栏”中的“静态点云”按钮；
- 系统弹出“点云生成”对话框后单击“文字”按钮，并在编辑框里输入文字，单击“字体”按钮，调整文字大小，选择合适的字体、字形，单击“确定”；
- 再选择“参数”进行调整，把文字点云 XY 向点间距，层数和层间距设置为合适状态后单击“确定”；
- 最后选中“明快”，单击“预览”生成点云，然后单击“确定”，生成文字点云如图 3-1-23 所示。

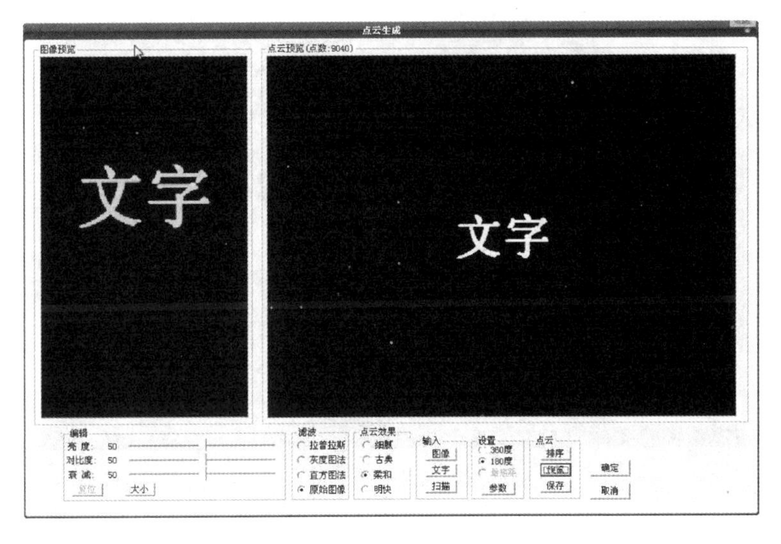

图 3-1-23

3. 静态 2D 点云编辑与合并

在对每个点云模型处理完毕后，如果想要把几个点云模型合并为一个模型，按住键盘上的 Ctrl 键，用鼠标在模型列表中将要合并的几个点云模型全部选中，然后单击“模型编辑工具栏”中的“合并”按扭，左侧模型列表会产生一个合并后的新模型(见图 3-1-24 及图 3-1-25)。

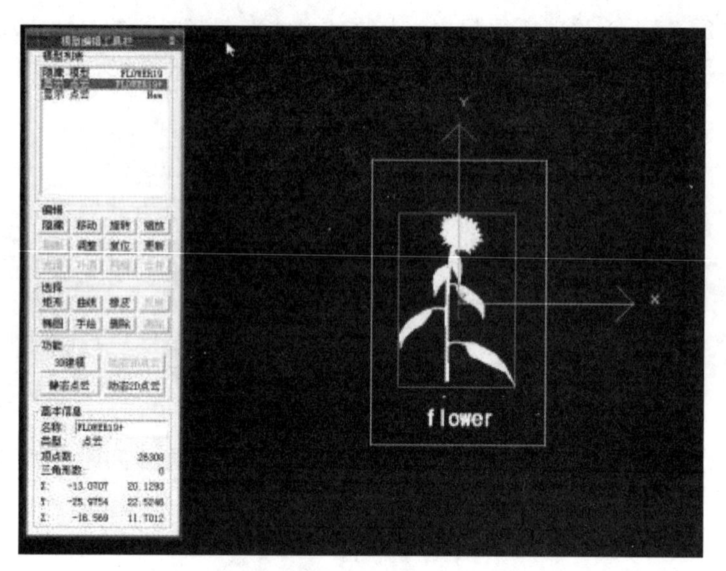

图 3-1-24

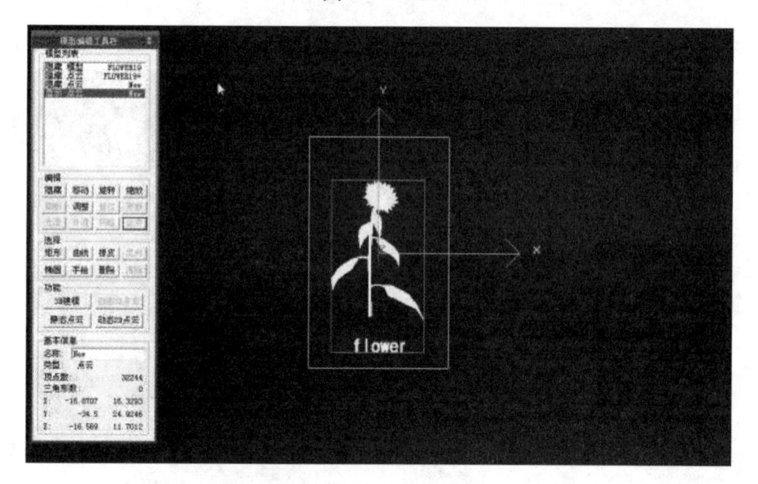

图 3-1-25

4. 2D 点云生成操作举例

- 导入照片，选择菜单："文件"→"打开图片"，如图 3-1-26 所示。
- 在弹出的对话框中选择需要导入的文件并单击"打开"，如图 3-1-27 所示。
- 视图显示如图 3-1-28 所示。
- 在主界面右边的参数设置窗口进行点云生成的参数

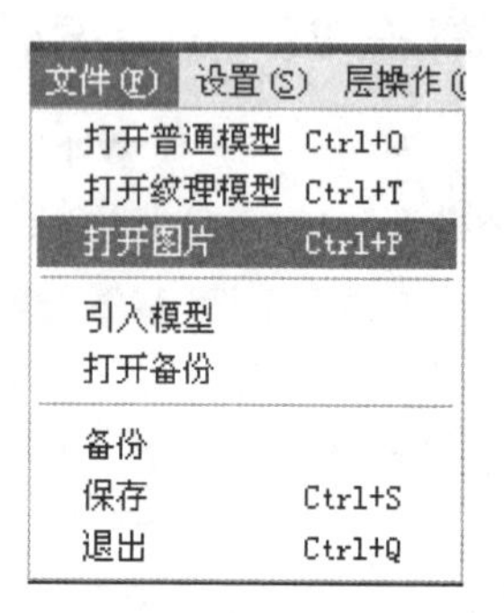

图 3-1-26

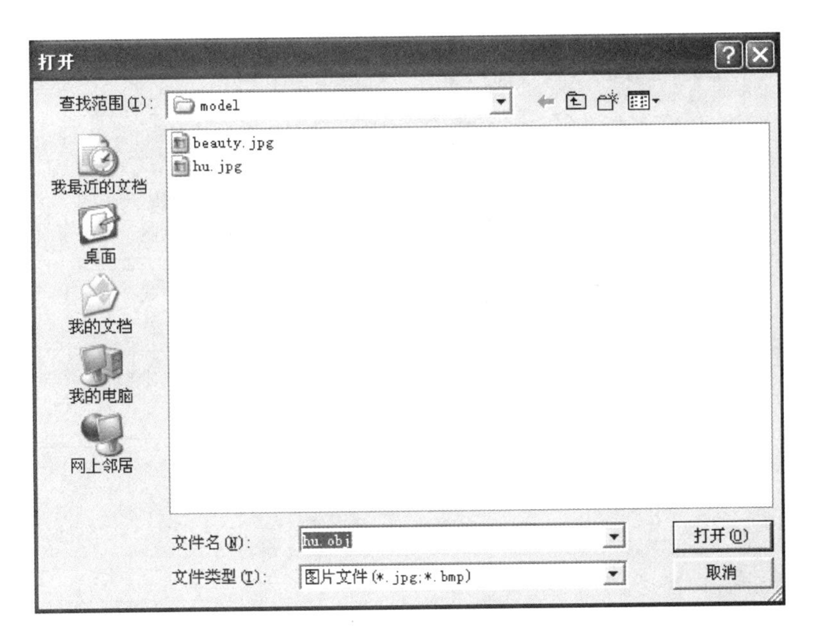

图 3-1-27

图 3-1-28

设置。如图 3-1-29 所示，包括"基本设置""尺寸""加层方式"和"图形灰度优化"等参数。

- 参数设置完成后，单击"生成点云"按钮，等待数秒后视图窗口中便出现点云模型，如图 3-1-30 所示。
- 可通过放大视图、旋转视图或平移视图观察生成的点云模型，效果满意可单击"保存"图标导出生成的点云。

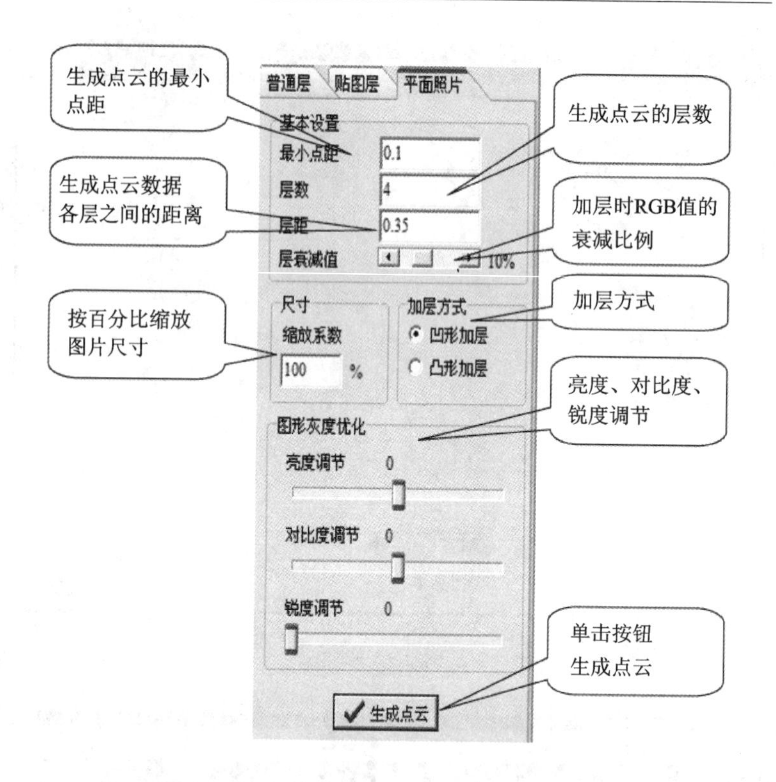

图 3-1-29

图 3-1-30

任务2 3D模型编辑及点云生成

1. 3D模型导入和设置

选择菜单项“模型”→“模型导入”。系统会弹出如图 3-2-1 所示的对话框,选择要导入的文件模型(模型格式在允许的格式范围内)，单击“打开”即可。

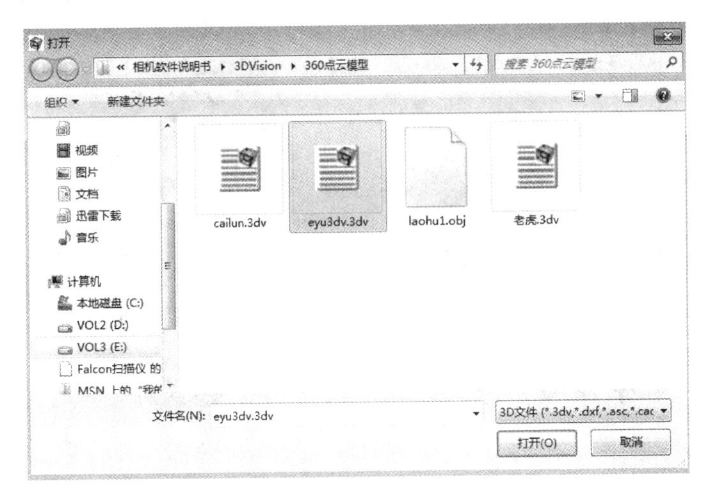

图 3-2-1

- *.3dv 格式是本软件的保存格式，可以将多个图片、文字、三维模型以及点云数据保存在一个文件之内。导入已有的 *.3dv 格式模型后，会弹出“请选择要导入的模型”对话框，在模型列表中选中要导入的文件，单击“导入”，则导入的模型显示在编辑窗口内，如图 3-2-2 及图 3-2-3 所示。

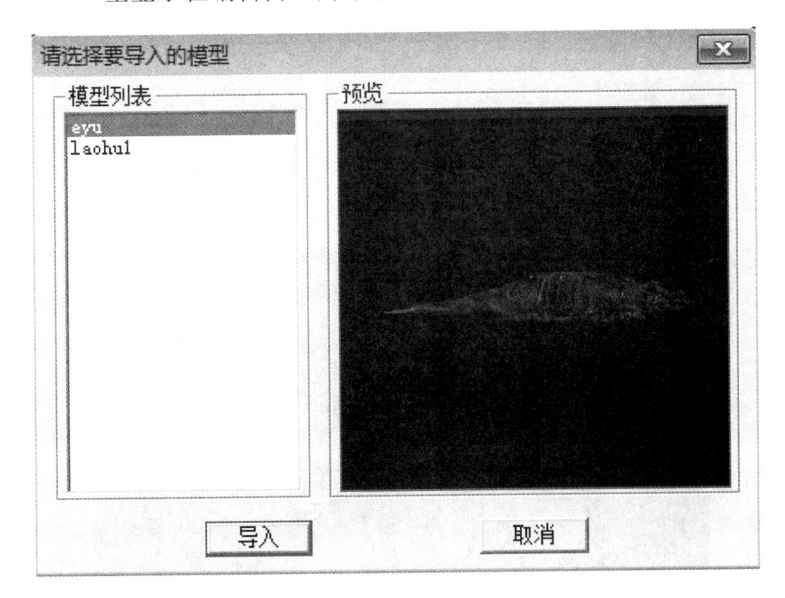

图 3-2-2

- 若导入的模型不是 *.3dv 格式的模型，以.obj 格式的模型为例，单击“打开”导入模型后，模型便出现在编辑窗口中，如图 3-2-4 及图 3-2-5 所示。

像.obj 这类含有单独的纹理信息图片的模型格式，如果导入

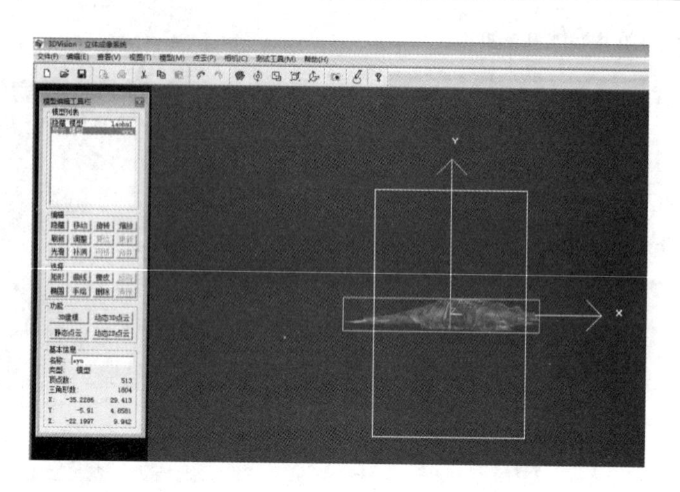

图 3－2－3

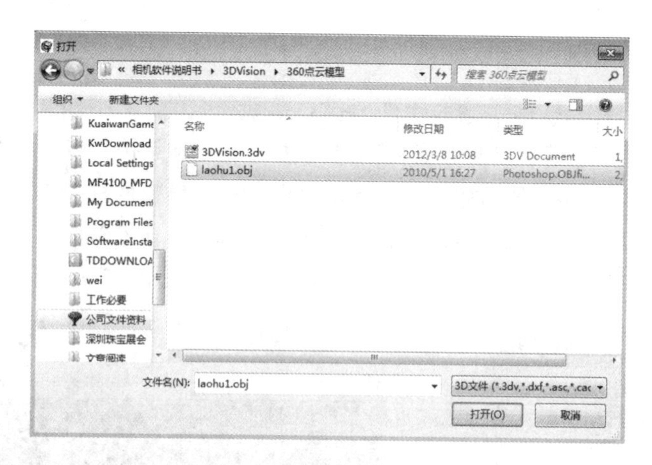

图 3－2－4

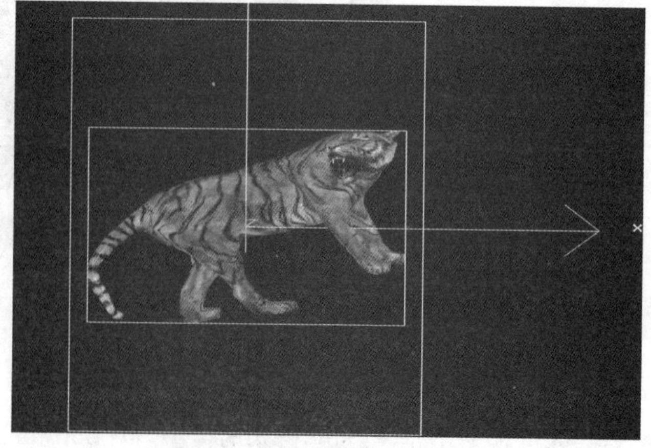

图 3－2－5

模型所在的文件目录中含有相应的纹理信息图，如上面模型的例子所示，则选中文件打开后会自动导入纹理图。文件夹中纹理图和.obj 格式图片见图 3－2－6 的方框部分标示。

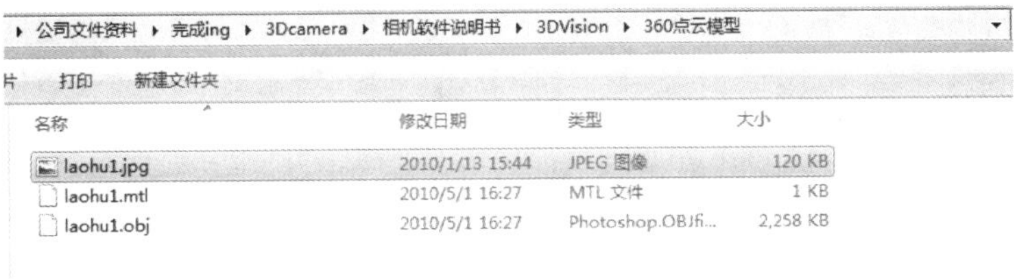

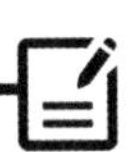

公司文件资料 ▸ 完成ing ▸ 3Dcamera ▸ 相机软件说明书 ▸ 3DVision ▸ 360点云模型
打印
新建文件夹
名称
修改日期
类型
大小
laohu1.jpg
2010/1/13 15:44
JPEG 图像
120 KB
laohu1.mtl
2010/5/1 16:27
MTL 文件
1 KB
laohu1.obj
2010/5/1 16:27
Photoshop.OBJfi...
2,258 KB

图 3-2-6

如果导入模型所在的文件目录中没有相应的纹理信息图，则需要找到相应的纹理图，如图 3-2-7 所示。

« OBJ格式 ▸ 蔡仑
搜索 蔡仑
组织
包含到库中
共享
放映幻灯片
新建文件夹
收藏夹
下载
桌面
最近访问的位置
cailun.dxf
蔡伦.mtl
蔡伦.obj

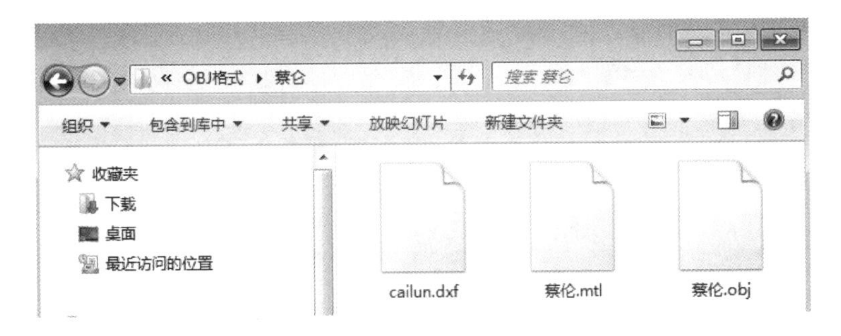

图 3-2-7

单击“模型导入”，导入该. obj 格式的模型，便显示如图 3-2-8 所示的窗口。

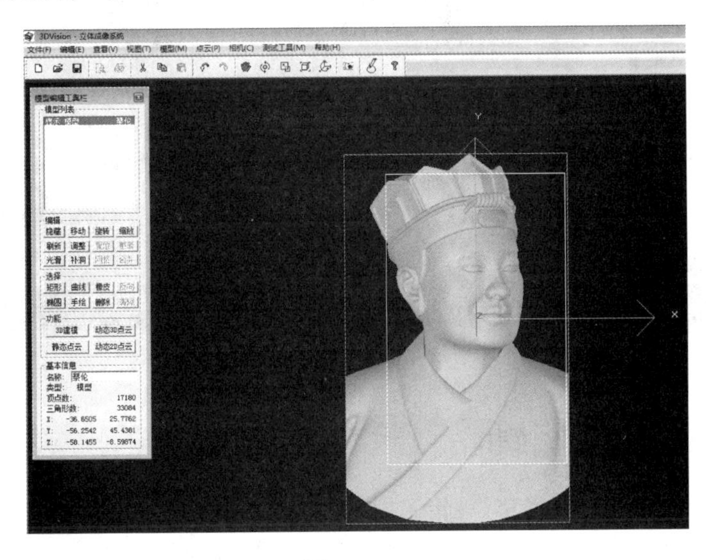

图 3-2-8

再选择菜单项“模型”→“纹理图导入”，会弹出如图 3-2-9 所示的对话框，选择需要导入的纹理图片，单击“打开”，模型便出现在编辑窗口中，如图 3-2-10 所示。

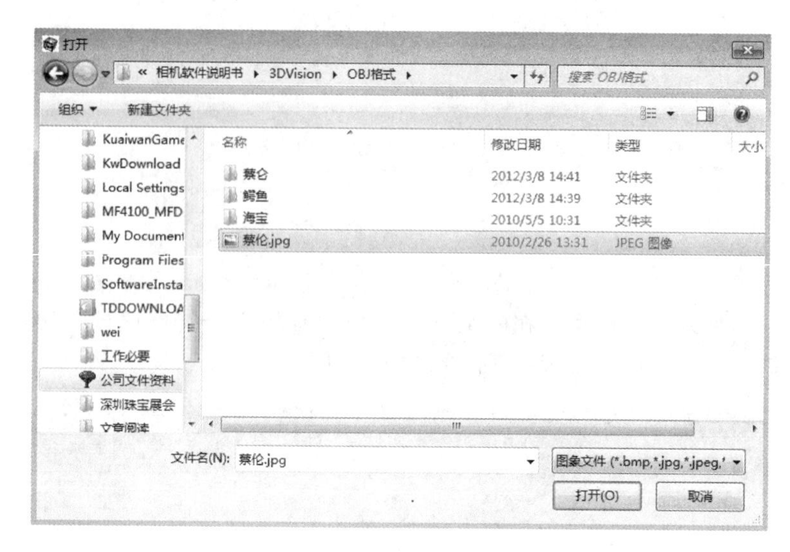

图 3-2-9

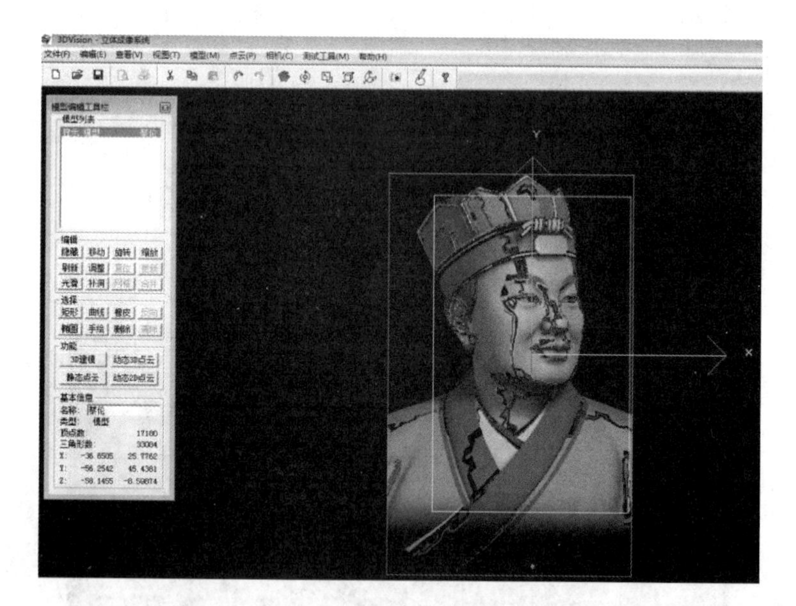

图 3-2-10

2. 3D 模型编辑

对模型进行平移，旋转和缩放均有 2 种编辑方法。

● 以下三种变换均为视角变换，以便于观察，而模型的位置/角度/尺寸相对于坐标系并没有发生实际改变。

模型平移：选择菜单项“视图”→“平移”或选中按钮，在编辑窗口内按住鼠标左键拖动，可任意平移图像，使模型处于需要的位置。

模型旋转：选择菜单项“视图”→“旋转”或选中按钮，在编

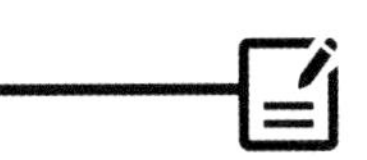

辑窗口内按住鼠标左键拖动，可任意旋转图像，以查看模型的各个侧面。

模型缩放：选择菜单项“视图”→“缩放”或选中按钮，在编辑窗口内按住鼠标左键拖动或滚动鼠标滚轮，可以对模型进行视角缩放，使模型达到需要的大小。

- 以下三种变换使模型的位置/角度/尺寸相对于坐标系发生了实际改变。

模型平移：右击鼠标，选择“移动”，或选择菜单项“编辑”→“移动”，或单击“模型编辑工具栏”里的“移动”，在编辑窗口内按住鼠标左键拖动，或在编辑窗口中点中模型后，按键盘上的“→”“←”“↑”“↓”或用 PageUp、PageDown，可分别使模型沿着 X、Y、Z 轴移动。

模型旋转：右击鼠标，选择“旋转”，或选择菜单项“编辑”→“旋转”，或单击“模型编辑工具栏”里的“旋转”，在编辑窗口内按住鼠标左键拖动，或在编辑窗口中点中模型后，按住键盘上的 Ctrl 键，同时按住键盘上的“→”“←”“↑”“↓”或用 PageUp、PageDown 来对模型进行旋转。

模型缩放：右击鼠标，选择“缩放”，或选择菜单项“编辑”→“缩放”或单击“模型编辑工具栏”里的“缩放”，在编辑窗口内按住鼠标左键拖动，或在编辑窗口中点中模型后，按键盘上的 Home 键、End 键可任意缩放模型达到需要的大小；或者按住 Shift 键，点中人像模型，上下滚动鼠标任意缩放图像，但不要超出白色的水晶方框。得到一个满意的位置和尺寸后，单击左边编辑工具中的“更新”来保存操作。

补充：对于模型的实际位移和缩放，可以通过调节步长来控制每一步操作变化的幅度，通过按键盘上的“＋”“－”两个键可以调节步长大小，具体数字会显示在软件状态栏右下角。

注意：每次操作完毕后，如果想保留这个操作，要及时单击“更新”按钮，然后再进入下一步的操作，否则，更新前的操作将不会生效。

3. 3D 模型点云的生成

(1) 普通层三维模型

- 如图 3－2－11 所示，选择菜单“文件”→“打开普通模型”，导入普通层三维模型。
- 在弹出的对话框中选择要打开的文件（＊.dxf 或 ＊.obj）并单击“打开”，如图 3－2－12 所示。
- 打开文件后，视图中显示实体图模式场景，如图 3－2－13 所示，可通过鼠标右键选择“线框图”。

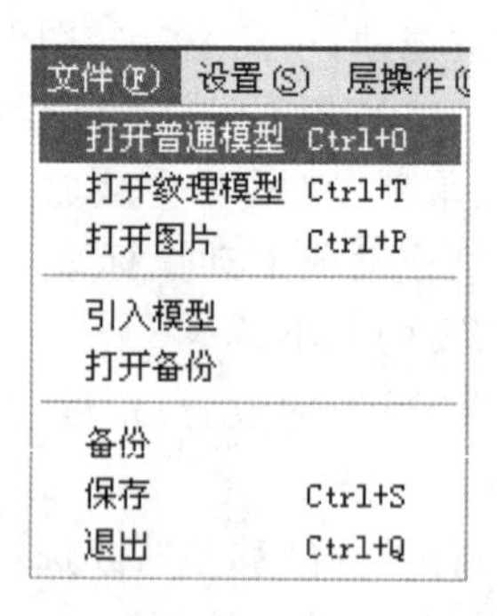

图 3-2-11

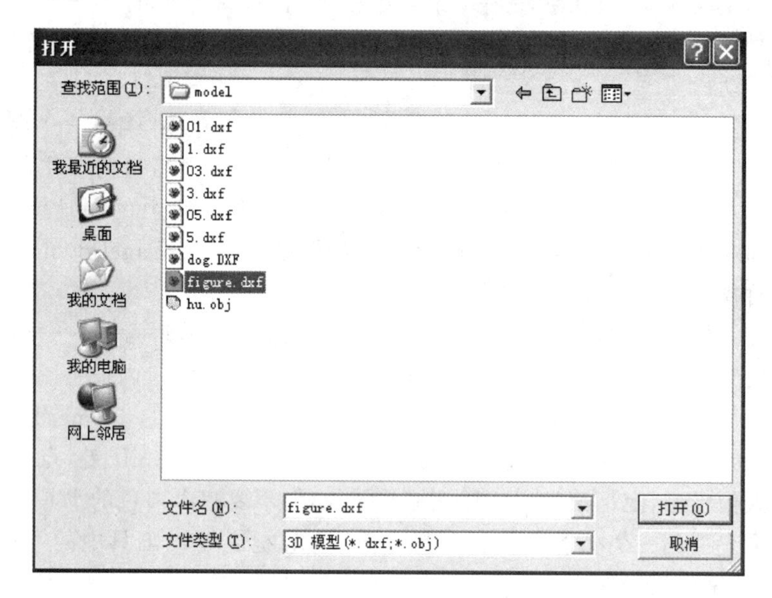

图 3-2-12

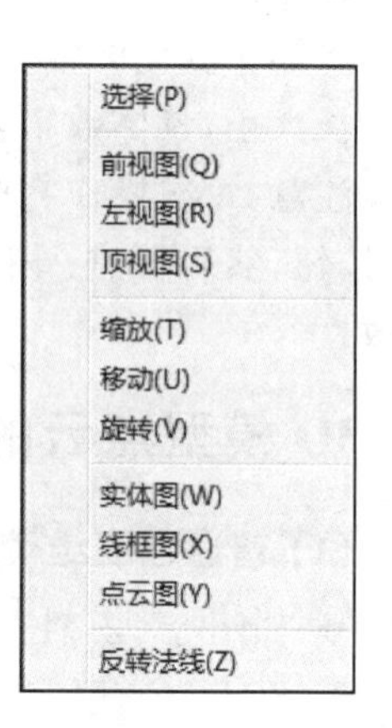

图 3-2-13

- 得到的三维模型的线框图模式如图 3-2-14 所示。
- 在模型列表中选中要编辑的模型后，选择菜单："设置"→"基本设置"，在弹出窗口中设置好三维模型的图形尺寸（Zoom picture）和水晶大小（Crystal size），如图 3-2-15 所示，设置完后单击 OK 按钮。
- 图形尺寸和水晶大小参数设置完成后，可在主界面右边的参数设置窗口设置生成点云的相关参数，如图 3-2-16 所示。

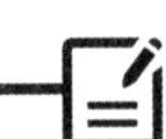

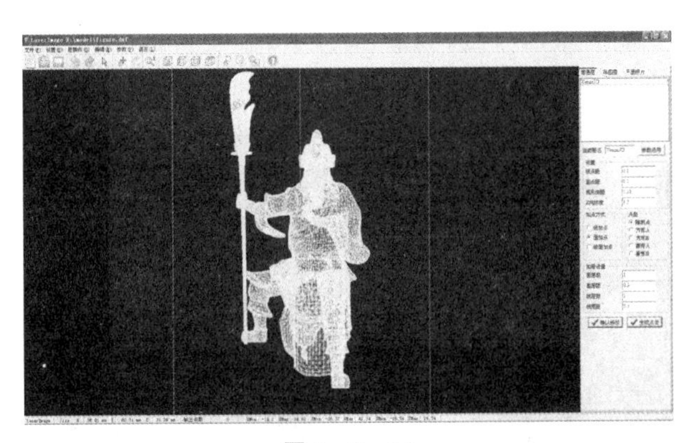

图 3-2-14

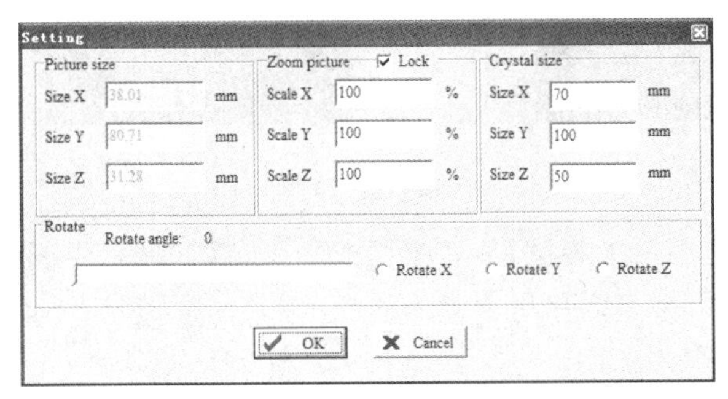

图 3-2-15

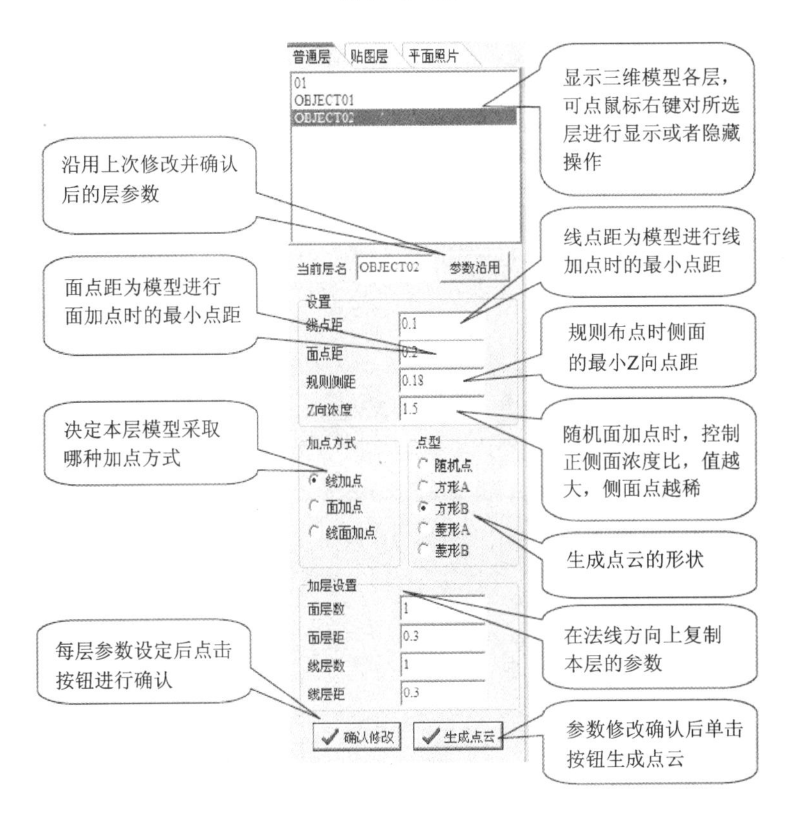

图 3-2-16

- 设置完成后单击“确认修改”保存参数，再单击“生成点云”按钮生成点云，如图 3-2-17 所示。

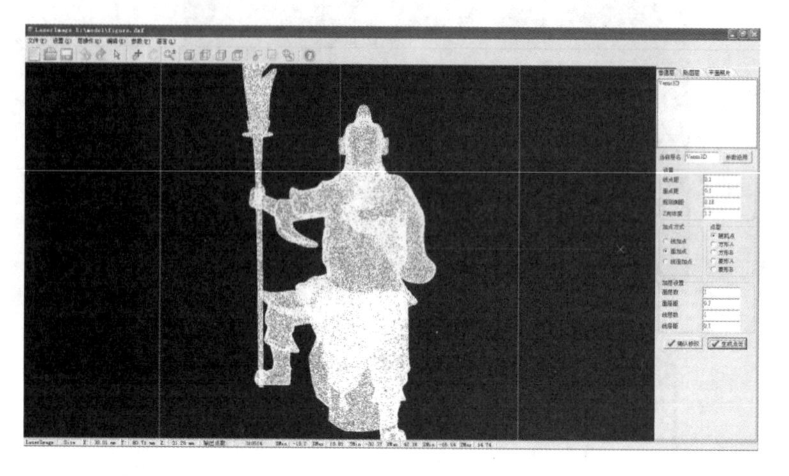

图 3-2-17

- 通过放大视图、旋转视图或平移视图观察生成的点云模型，效果满意后单击工具栏上的“保存”按钮导出生成的点云。

(2) 带纹理贴图三维模型

- 如图 3-2-18 所示，选择菜单“文件”→“打开纹理模型”，导入带纹理贴图的三维模型(如.obj 格式的图片)。

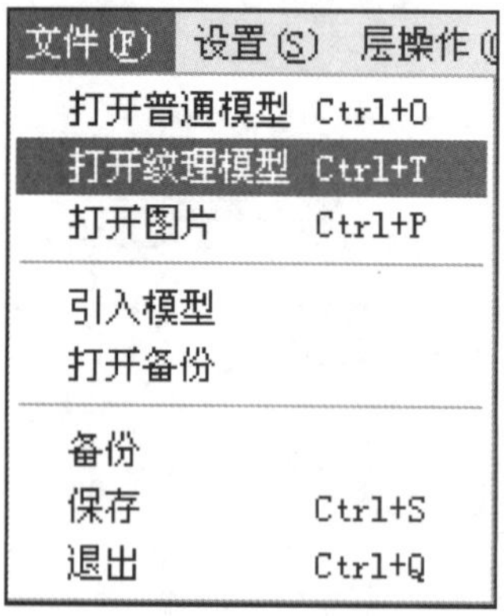

文件(F) 设置(S) 层操作(

打开普通模型 Ctrl+O

打开纹理模型 Ctrl+T

打开图片 Ctrl+P

引入模型

打开备份

备份

保存 Ctrl+S

退出 Ctrl+Q

图 3-2-18

- 在弹出的对话框中选择要打开的 *.obj 文件并单击“打开”，模型便显示在窗口中，如图 3-2-19 及图 3-2-20 所示。
- 选择菜单“设置”→“纹理设置”，弹出如图 3-2-21 所示的窗口。单击方框标示处，弹出打开图片的对话框，选择要导入的纹理图，单击“打开”(见图 3-2-22)。

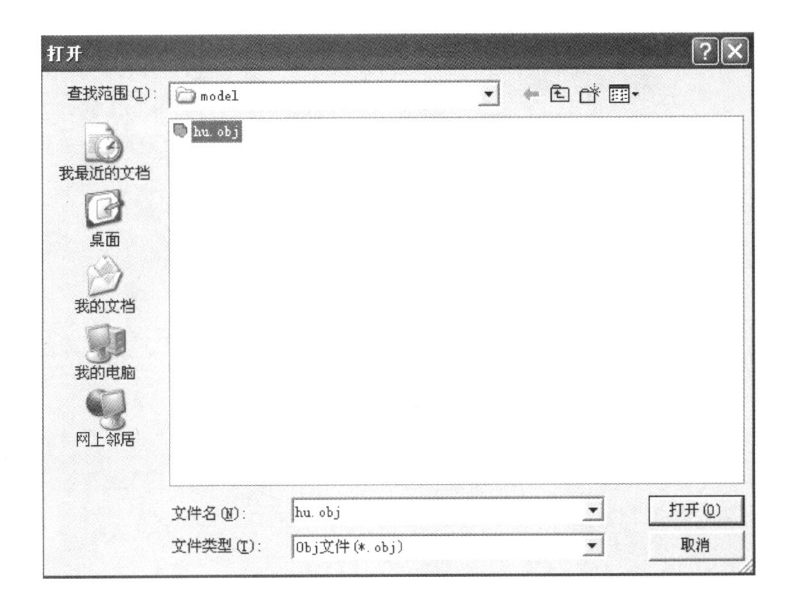

图 3－2－19

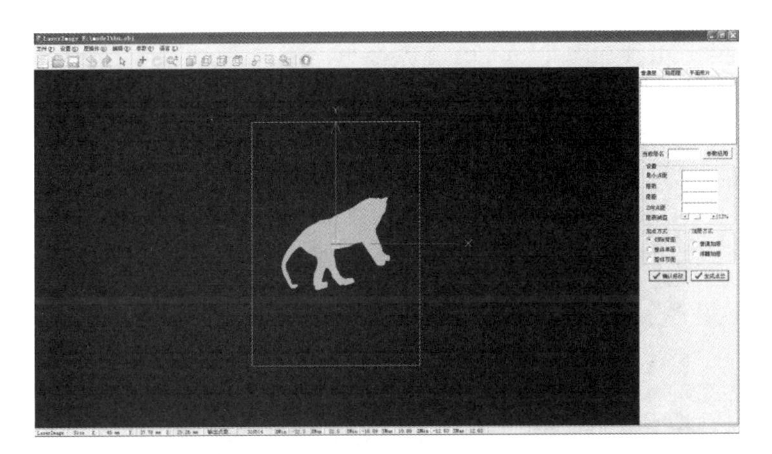

图 3－2－20

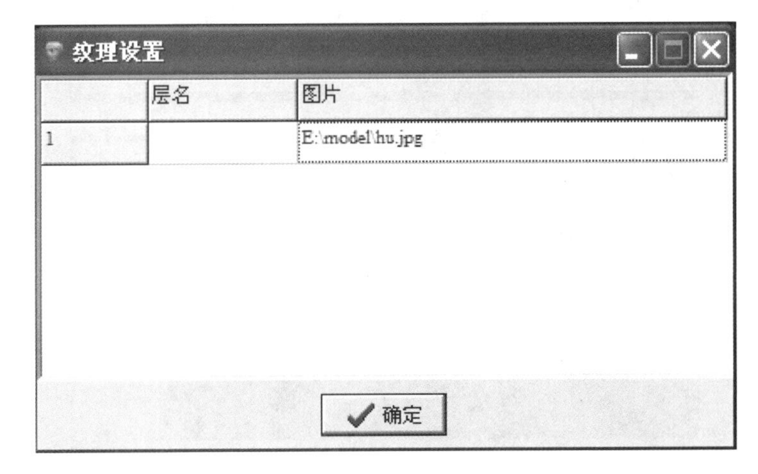

图 3－2－21

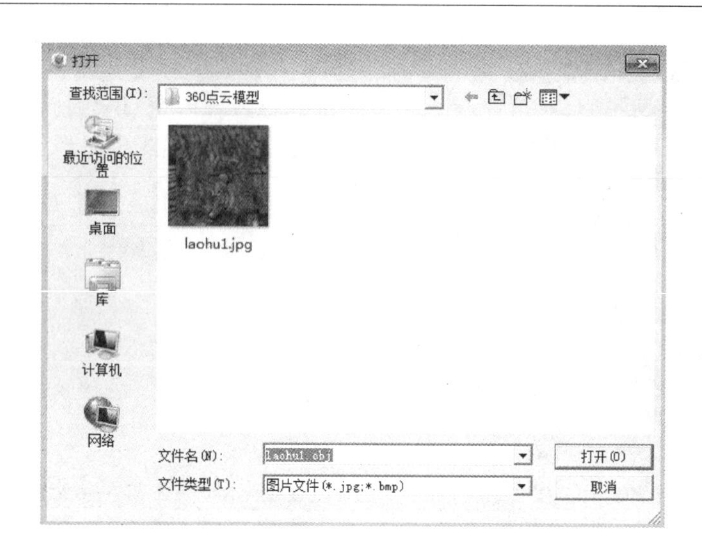

图 3-2-22

- 完成纹理设置后单击如图 3-2-21 中所示的“确定”便得到如图 3-2-23 所示的界面。单击图中方框标示处，即出现如图 3-2-24 所示的界面。

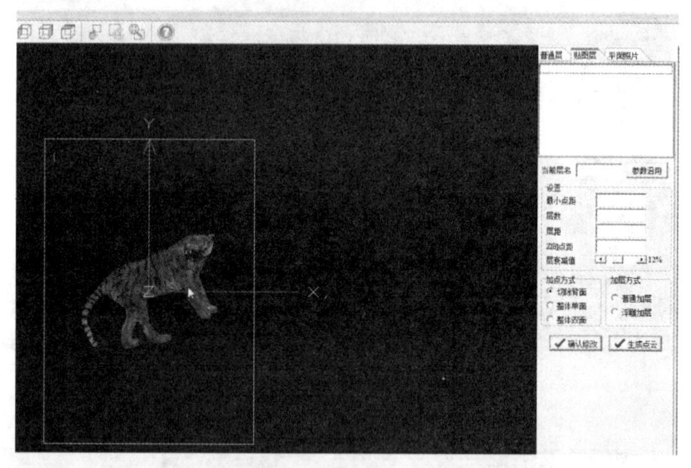

图 3-2-23

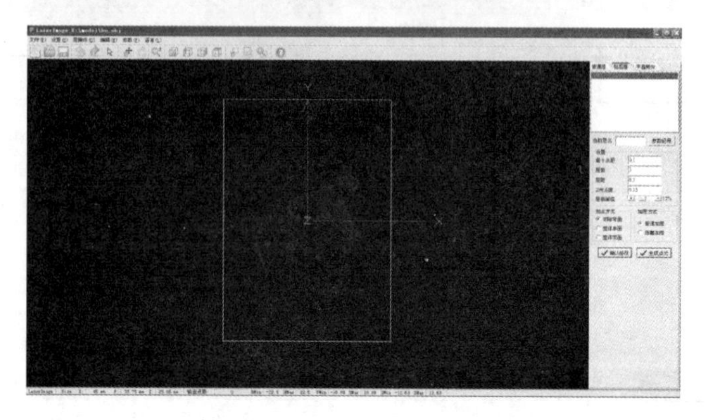

图 3-2-24

● 在视图窗中右击鼠标，选择“反转法线”，如图 3－2－25 所示。

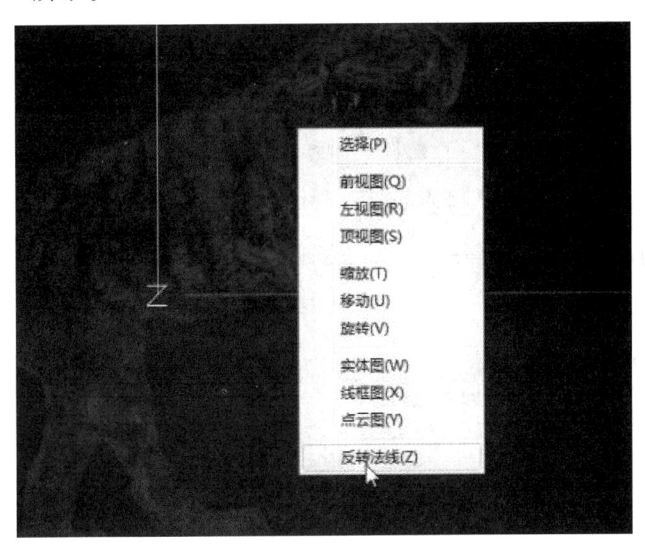

图 3－2－25

● 然后在主界面右边的参数设置窗口进行点云生成的参数设置，如图 3－2－26 所示。

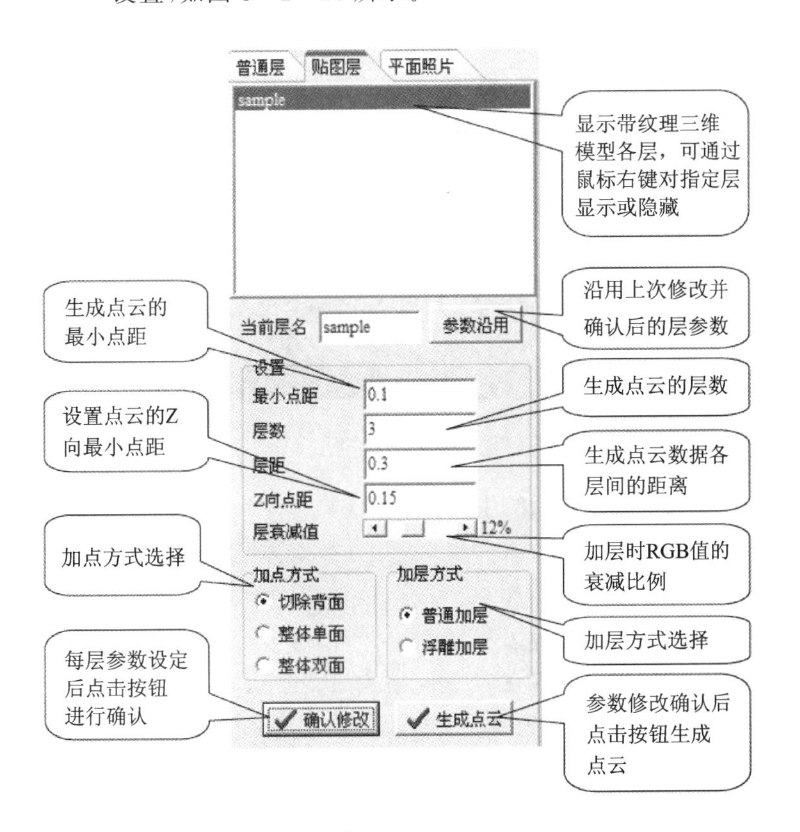

图 3－2－26

- 设置好参数后单击“确认修改”保存参数，再单击“生成点云”按钮，便得到如图 3-2-27 所示的界面。调节“纹理优化”参数，将模型调到最佳状态，然后单击“确定”关闭“纹理优化”窗口。

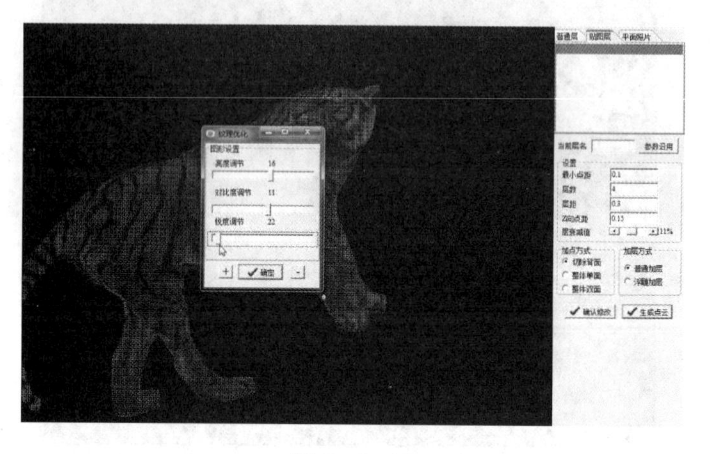

图 3-2-27

- 最后得到的点云模型如图 3-2-28 所示。可通过放大视图、旋转视图或平移视图观察生成的点云模型，效果满意后单击“保存”图标导出生成的点云。

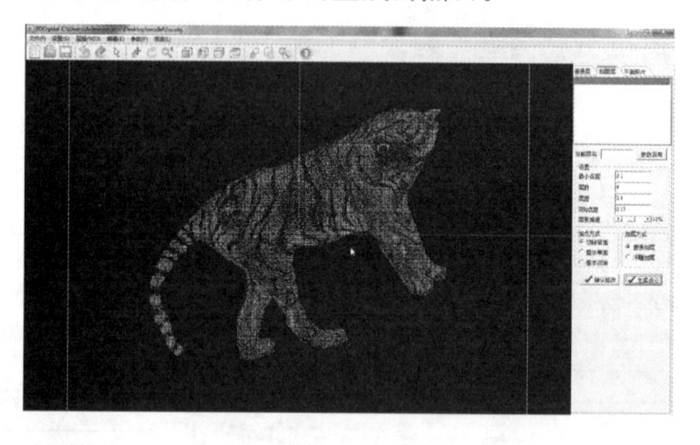

图 3-2-28

(3) 3D 模型点云的生成

- 对模型进行编辑后选择菜单项“文件”→“保存”，弹出“另存为”对话框，如图 3-2-29 所示，选择需要存入的路径，再输入需要导入模型的文件名，然后单击“保存”，软件即默认将模型保存为.3dv 格式的文件。
- 选择菜单项“模型”→“模型导出”，则系统弹出“模型导出”对话框。在文件名框内输入导出的文件名并选择保存类型，单击“保存”按钮即可，如图 3-2-30 所示。

obj 格式：带纹理信息的三维模型，可以兼容目前各主流三维

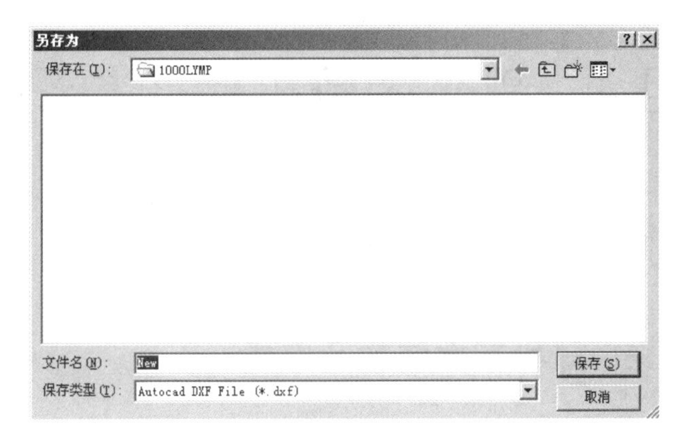

图 3－2－29

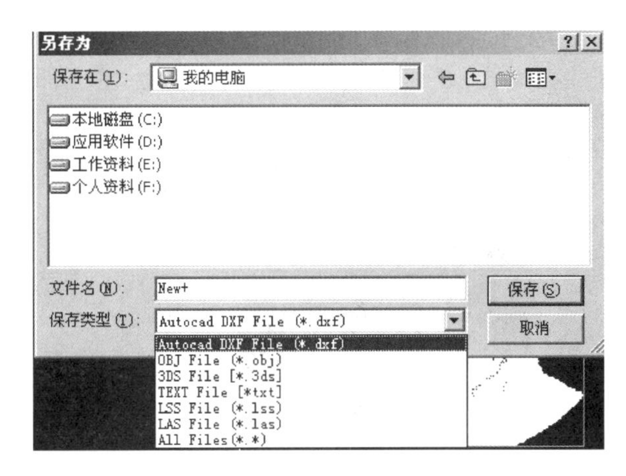

图 3－2－30

软件。

.3ds 格式是由 3DS MAX 所生成的三维模型文件格式，带纹理信息。

.dxf 格式文件是用于激光内雕机进行雕刻的点云文件格式，此时保存为.dxf 文件格式即可导入激光雕刻机进行雕刻。

项目4　激光内雕机操作与设置

任务1　激光内雕机的基本操作

1. 激光内雕机基本结构及组成

(1) 内雕机总体认识

HSGP－3KC激光内雕机采用世界先进的风冷式半导体端泵浦固体激光器技术，光束质量好，稳定性高，雕刻出的点效果细腻风，其整机由激光器、方头、工作台、显示器、电源、等几部分组成，如图4－1－1所示。

图4－1－1

(2) 内雕机内部结构

内雕机内部结构如图4－1－2所示。

2. 激光内雕机开机操作

(1) 开机及设置

- 先打开电脑主机和显示器，然后打开机器的总电源按钮和激光器按钮，如图4－1－3所示。
- 等电脑进入Windows系统后，单击桌面上“水晶内雕”图标打点软件，软件打开后单击 ● 复位 或 ● Reset（注：由于一些版本无法汉化，因此后续图片在需要时会截取中文、英文两种界面）。

注意：以下3种情况下必须复位：

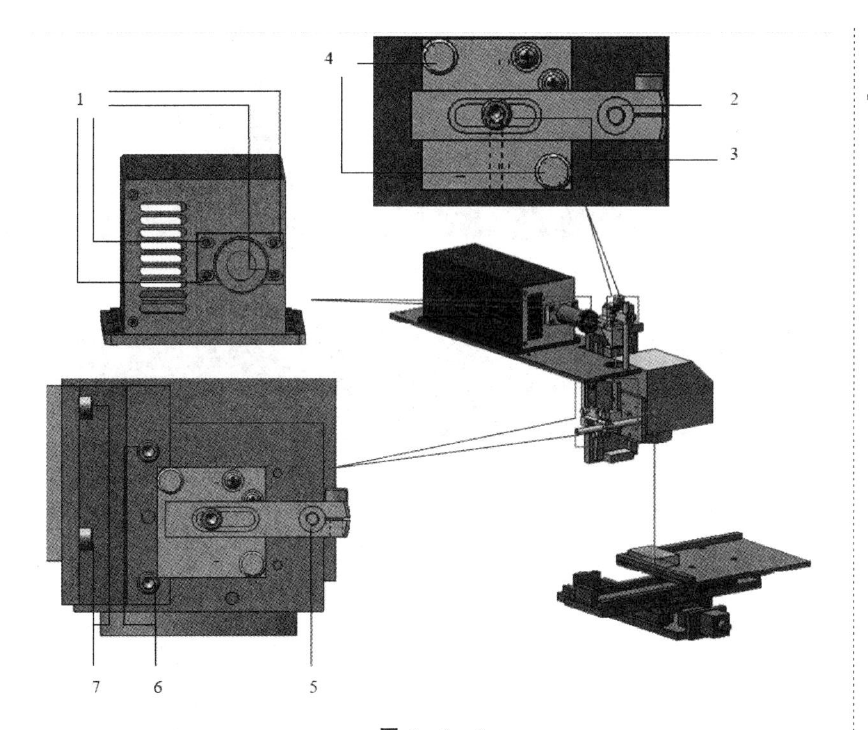

图 4-1-2

(a) 总电源按钮

(b) 激光器电源按钮

图 4-1-3

a. 断电后重开；

b. 打点软件关闭后重开；

c. 工作台碰触限位开关。

(2) 操作步骤

- 单击“文件”菜单打开需要内雕的图案，即已算好点的“＊.dxf”的文件，如图 4-1-4 所示。
- 输入需要内雕的水晶尺寸。以 50mm×80mm×80mm 样品为例，设置雕刻水晶尺寸，如图 4-1-5 所示，单击“应用”按钮。
- 选中所要雕刻的“文件名”，如图 4-1-6 所示。
- 单击 整体居中 或 Center All 。
- 根据图案文件选择分块方式，如图 4-1-7 所示，确认后，单击“应用”按钮。
- 将水晶表面擦干净，在水晶底部粘上双面胶，然后将水晶放入工作台右上角靠齐，并粘紧。

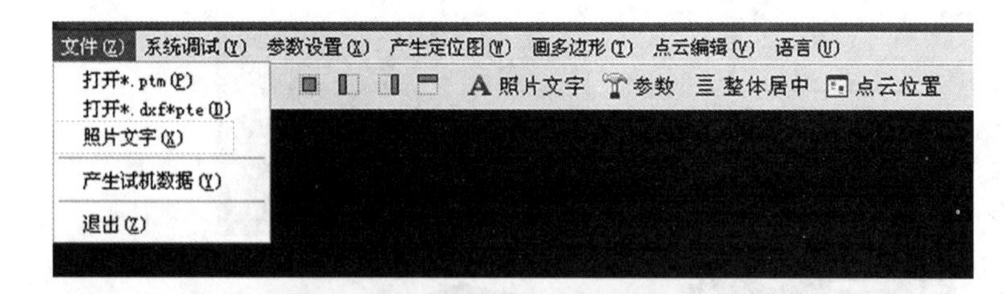

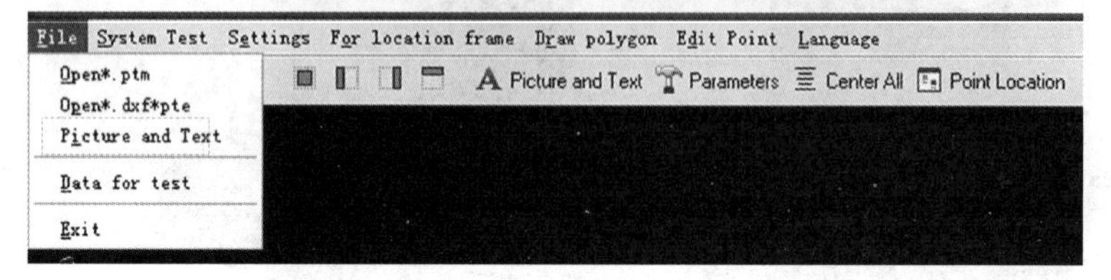

图 4-1-4

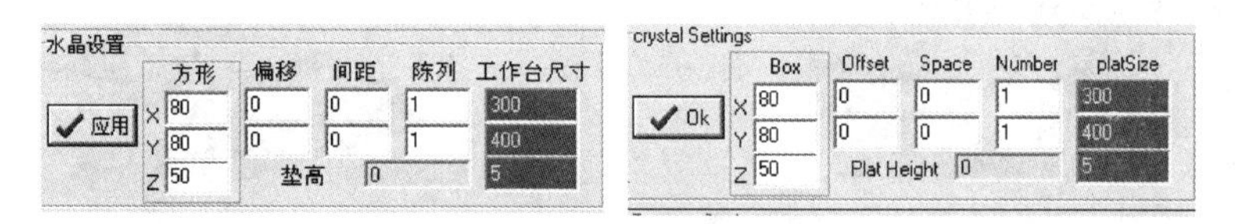

图 4-1-5

图 4-1-6

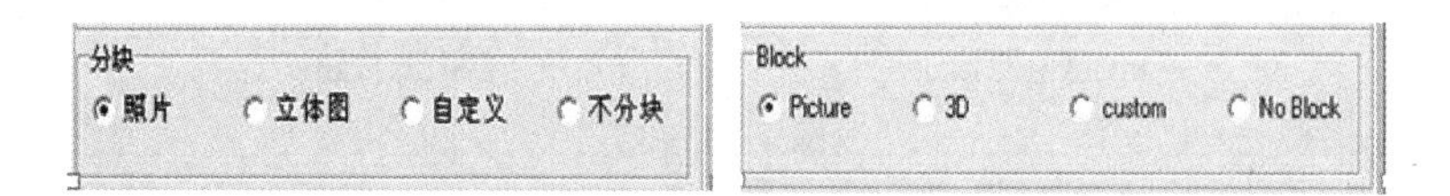

图 4-1-7

● 单击“雕刻”按钮，如图 4-1-8 所示。

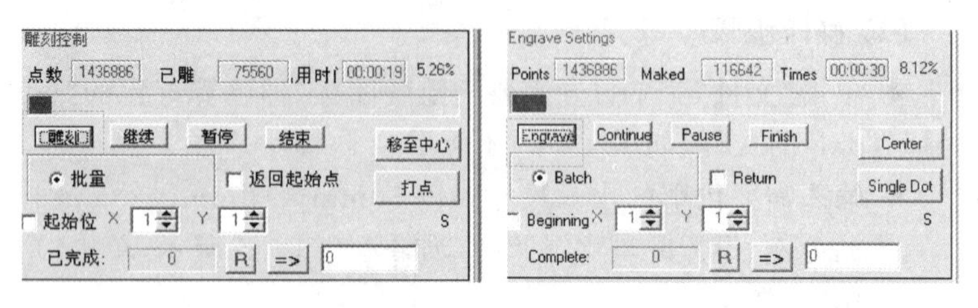

图 4-1-8

● 雕刻完成。

3. 激光内雕举例

(1) 开　机

- 打开外部总电源。
- 按下设备总电源按钮。
- 按下激光器电源按钮。
- 打开电脑。
- 打开“水晶内雕”软件。

(2) 水晶尺寸设置

以 50mm×50mm×80mm 样品为例，调整水晶位置，在调整过程中注意以下几点：

- 通过偏移调整水晶与工作台的距离，偏移即表示水晶偏离工作台的距离。
- 通过间距调整水晶之间距离(批量雕刻时使用)，间距即表示相邻水晶之间的距离(mm)。
- 通过阵列设置在雕刻的个数，阵列表示在 X 轴，Y 轴方向所加工的个数(注意：参数修改完成一定要单击“应用”按钮，工作台尺寸表示两个方向可加工的最大范围，阵列产生的数据不能超出这个范围)。
- 调整底板垫高尺寸。垫高表示水晶和工作台之间所放的垫板的高度，可以根据实际需要确定要不要垫高。水晶尺寸输入界面如图 4－1－9 所示，确认后单击“应用”按钮。

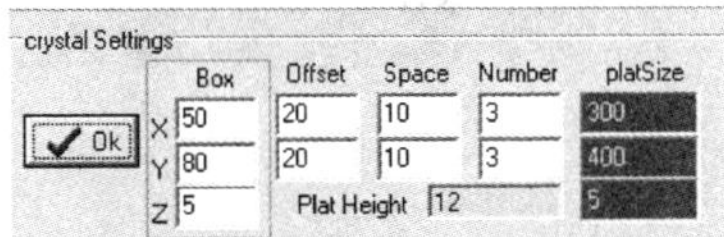

图 4－1－9

(3) 软件界面显示加工设置并检查设置参数

其操作如图 4－1－10 所示。

(4) 将批量加工底板放入工作平台

其操作如图 4－1－11 所示。

(5) 产生定位图

单击 产生定位图(M) 或 For location frame 菜单，出现如图 4－1－12 所示提示，单击“确定”按钮。

(6) 完成定位

单击“雕刻”按钮，等雕刻定位的位置完成后，再打开所需要内雕的文件，然后将文件整体居中，并将水晶设置尺寸 Z 改为水晶

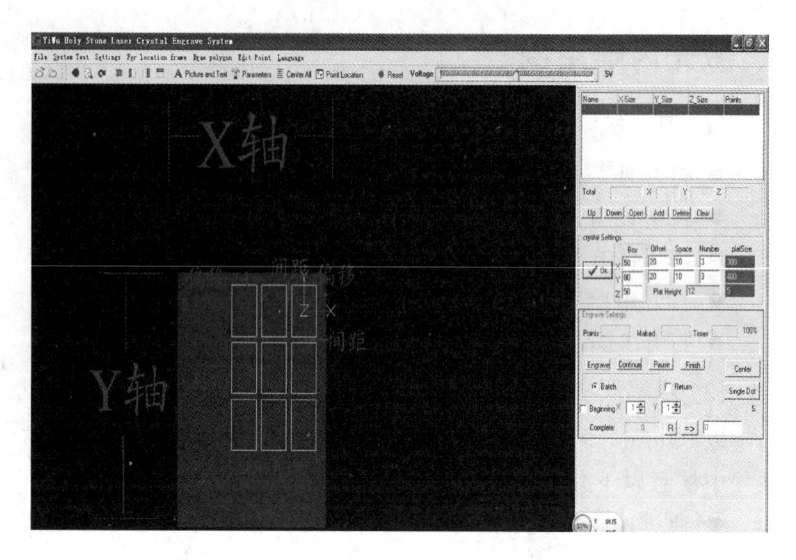

图 4－1－10

图 4－1－11

图 4－1－12

实际尺寸，如图 4－1－13 所示。

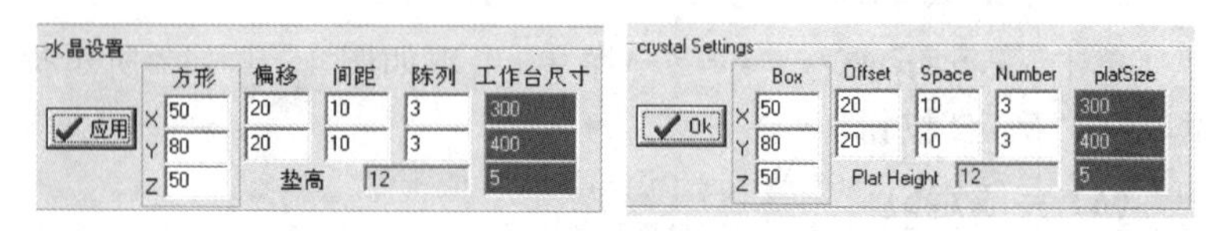

图 4－1－13

完成定位后单击“雕刻”按钮,即可进行批量加工。

(7) 关机

操作步骤:

- 关闭激光器电源按钮、总电源按钮。
- 关闭“水晶内雕”软件。
- 关闭电脑。
- 断开机器外部电源。

任务2 激光内雕机模型导入与雕刻操作

1. 激光内雕机坐标及参数设置

(1) 激光内雕机坐标控制方式

用户通过控制按钮移动平台时有两种方式:点动模式和增量模式。在点动模式下,用户通过手动操作设备,如计算机鼠标、键盘、手持盒等控制运动平台;当用户通过这些设备发出运动信号时,如按下手动按钮,平台将持续运动,直到用户松开手动按钮。在增量模式下,用户同样是通过手动操作设备,如计算机鼠标、键盘、手持盒等控制运动平台;与点动控制不同的是,用户一次按键动作,即从按下到松开,平台只运动确定的距离,即通过增量方式,用户可以精确地控制平台的位移量。

(2) 系统模式

用户进行激光雕刻有两种模式可以选择,角系统和中心系统。

角系统:表示激光束当前处于工件角部位置,即其默认工件中心为坐标系原点如图4-2-1所示。开始雕刻时,平台自动移动到工件中心位置,然后出光雕刻。

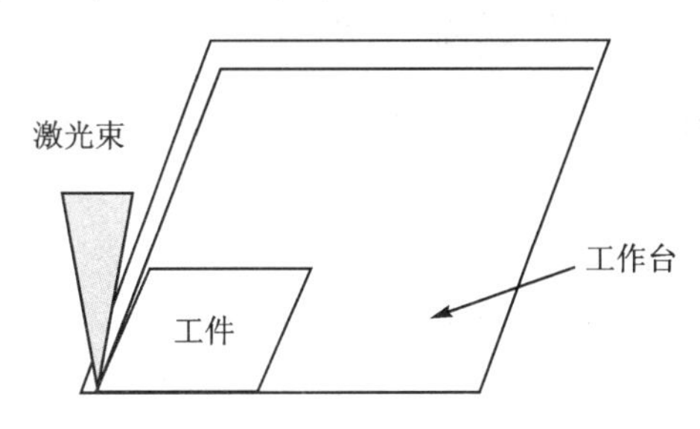

图4-2-1 角系统模式

中心系统:表示激光束当前处于工件中心位置,即其默认激光束所在位置为坐标系原点,如图4-2-2所示。开始雕刻时,平台在工件当前位置进行雕刻。

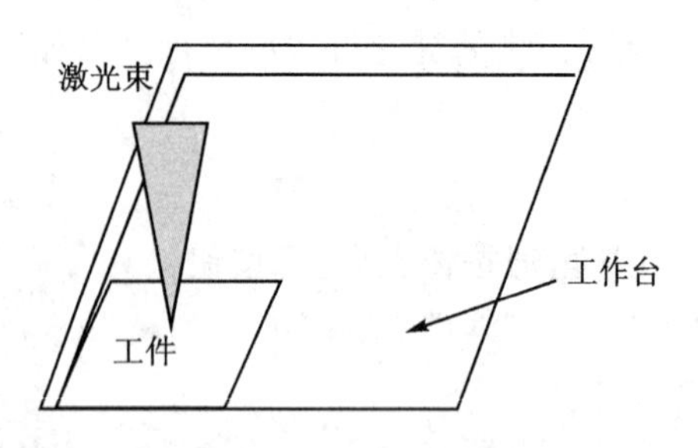

图 4-2-2 中心系统模式

(3) 坐标系

标准的坐标系统是采用右手法则的坐标系统，通常把 x 轴和 y 轴配置在水平面上，而 z 轴则是铅垂线，它们的正方向要符合右手规则，即以右手握住 z 轴，当右手的四指从正向 x 以 $\pi/2$ 角度转向正向 y 轴时，大拇指的指向就是 z 轴的正向，这样的三条坐标轴就组成了一个空间直角坐标系。

- 机械坐标系：机械坐标系是一套固定的右手坐标系，其坐标原点始终相对于平台的某个固定位置。所以在任何时候，空间的某个点都可以用机械坐标系唯一地确定。对机械坐标系的完整支持需要平台有相应的回机械参考点功能。
- 相对坐标系：在使用平台加工各种工件时，更多地使用相对坐标系。通常，在工件加工时，描述某个加工位置总是相对于工件上的某个点的，而工件在平台上的位置相对于机械原点常常是改变的，因此由必要引入一套在工件加工时更为方便的坐标系统，这就是相对坐标系。相对坐标系也是一套右手坐标系，它的原点是相对于工件上的某个点确定的，相对于机械坐标原点则是可以浮动的。

2. 激光内雕机单次雕刻加工

单件雕刻可以分为四个步骤：导入数据→放置工件→修改参数→开始雕刻。

(1) 导入数据

打开雕刻软件，进入“文件”→“打开”选项，可导入前期处理好的 dxf 数据文件进行雕刻。或单击导入数据文件。选择数据文件后等待片刻（等待时间的长短与文件的点数有关），待点云图像数据在显示窗口中显示之后，表示数据已经导入完毕。注意此. dxf 输出文件是点云格式的. dxf 文件。

(2) 放置工件

将工件擦拭干净，并将其放在工作台左后角位置。俯视工件在工作台面上的放置方式与工件框在显示器中的显示方式一致。

(3) 参数设置

首次雕刻一个工件，需要设置工件尺寸，在控制栏中的“雕刻编辑”→“材料大小”中输入工件的长、宽、高值，然后单击“应用”保存参数设置，如图 4-2-3 所示。

图 4-2-3

(4) 开始雕刻

首次雕刻时，需要单击“复位”按钮，工作台会自动移动到焦平面的位置。单击“开始”按钮，开始进行雕刻。雕刻完成后，工作台会自动恢复到初始位。

3. 激光内雕机批量加工

对于尺寸较大的数据，可以选择批量雕刻的雕刻方式，批量雕刻工件的步骤为：导入数据→放置工件→修改参数→开始雕刻。

拼接雕刻的前两步与单次雕刻操作方法相同。由于激光雕刻机激光器扫描范围是一个椭圆，其最大内接正方形边长为 70 cm，对于尺寸较大的数据，则选择拼接雕刻的雕刻方式。

(1) 修改参数

在控制栏“雕刻编辑”→“材料大小”中输入工件的长、宽、高值。

在“分块参数”中填入分块尺寸，选择模糊带类型并输入对应参数。

- 对于平面点云，分块的参考值 xy 点距：5～25 mm，边界：5～25 mm，角度：默认；
- 对于不带贴图的模型 XY 点距：5～25 mm，边界 0.5～10 mm，角度 75 ℃左右；
- 带贴图的模型 XY 点距：5～25 mm，边界：5～20 mm，角度：45 ℃左右。

单击“应用”按钮保存参数，再通过工具栏中的工具进行分块。显示屏中将会显示分块结果。

(2) 开始雕刻

单击控制栏中的“开始”按钮进行雕刻。每块数据雕刻完毕后平台将会自动移动到下一块进行雕刻，直到雕刻结束。

4. 激光内雕机拼接雕刻加工

当相同数据需要批量雕刻时，可以选择批量雕刻以提高效率。批量雕刻步骤为：导入数据→修改参数→放置工件→开始雕刻。

第一步操作与单次雕刻相同，参照单件雕刻步骤。

(1) 修改参数

在控制栏"雕刻编辑"→"材料大小"中输入工件的长、宽、高值。单击控制栏中的"复位"按钮，平台会自动移动到焦平面。

然后进入"激光"→"批量雕刻设置"，勾选"批量雕刻"并填写雕刻工件排布的数量。

为了方便确定工件放置的位置，选择在平台上是否雕刻出与工件尺寸相同的方框。若选择"与水晶尺寸相同"，则会默认为刚刚设置的工件尺寸；否则需要填写新的长度值和宽度值。单击"标记"按钮后，将会自动在平台上雕刻出矩形方框，用来确定工件放置的位置，如图 4-2-4 所示。

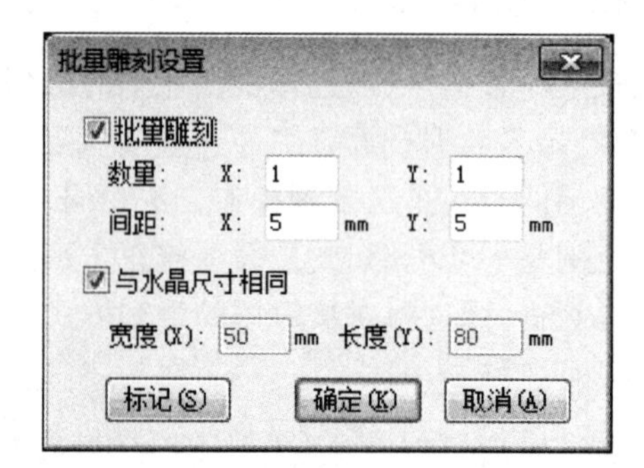

图 4-2-4

(2) 放置工件

将工件雕刻面擦拭干净，并将其固定到矩形框内。

(3) 开始雕刻

单击"开始"进行雕刻，工件会自动依次雕刻完毕。

项目5　激光内雕机维护与保养

任务1　激光内雕机的光路校正

1. 激光内雕机的光路校正方法

(1) 什么情况下需要对光路重新校正

激光雕刻机在长途运输或长期工作过程中，可能会因为振动，使得激光光路中的部分器件位置发生偏移，所以在运输到目的地后开始工作之前或设备在长期工作一段时间后，要对光路进行检查，确定其是否需要校正。

(2) 校正方法及其操作步骤

1) 观察激光光斑是否在振镜镜片中心

取下F-θ透镜，观察激光光斑是否在振镜镜片的中心。如果还在，则说明激光光路正常，不需要做光路校正，否则进行步骤2)和3)。

2) 确保激光光斑从扩束镜的中心射出

通过调节图5-1-1中所示的螺丝1来调节扩束镜的左右位置，使激光光斑从扩束镜的中心射出。

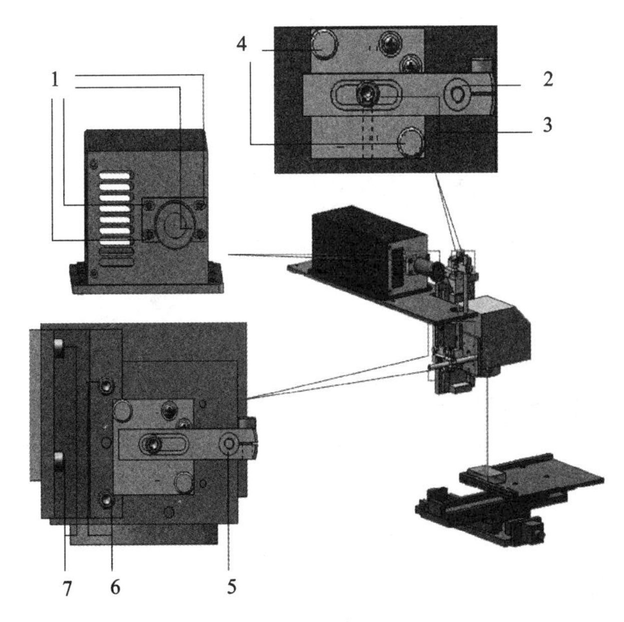

图5-1-1

3）确保激光光斑从反射镜的中心射出

通过调节图5-1-1中所示的螺丝2来调节反射镜的上下位置，螺丝3来调节反射镜的前后位置，螺丝4来微调，使激光光斑通过第一个反射镜的中心，发射到第二个反射镜中。

通过调节图5-1-1中所示的螺丝5来调节反射镜的左右位置，使得反射过来的光斑通过其中心再反射到扫描振镜镜片中心。

2. 激光内雕机的光路校正后测试

校正光路后，检查光斑是否达到振镜镜片中心，确认无误后，安装F-θ透镜，进行标定测试，确认雕刻效果。

标定过程中，可以调节图5-1-1中所示的螺丝6来微调振镜左右倾斜位置，调节螺丝7来微调振镜前后倾斜位置。

3. 雕刻机的标定

在首次使用机器时或是需要进行标定。由于三轴拼接系统是由XY平台运动至不同位置再由振镜来雕刻单位块，从而接拼成整幅图像而成，所以要确保雕刻平台移距离和坐标系与振镜雕刻大小和坐标系统相同，才能保证拼接图像完整无缝。系统标定步骤如下。

第一步：取一块测试水晶，建议用薄的水晶，便于标定后测量，如Z=15～30 mm，根据水晶尺寸填写“材料大小”中的“XYZ”参数。

第二步：填写“分块参数”，分块大小应该在振镜单次雕刻最大范围内，通常选用“X=40，Y=40”，如图5-1-2所示。

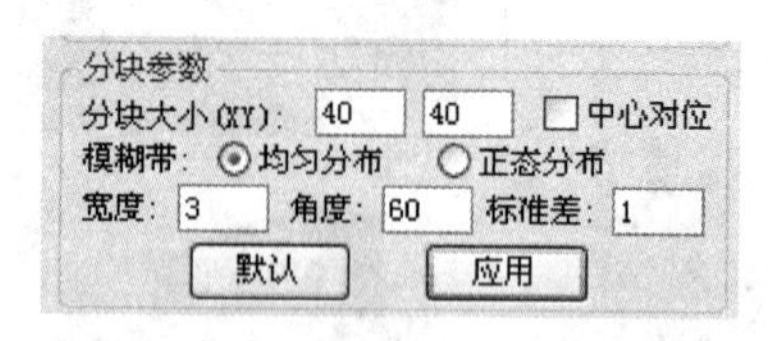

图5-1-2

第三步：放置测试水晶（标定过程中通常选用中心定位方式，方便灵活选择雕刻位置）。打开菜单栏中“激光”→“标定”选项，如图5-1-3所示，打开右上角的“激光开”按钮，上下移动Z轴位置，确保激光焦点在工件中。

第四步：开始标定，测试工件放置完毕，单击操作栏中的“开始”按钮，开始雕刻标定图。

第五步：完成雕刻之后，测量图示中所有设定参数的相对距离，把测试值填写到右侧对应数值框中。其中X3、X4和Y3、Y4的值由分块参数决定。然后单击“标定”按钮，软件即会自动生成

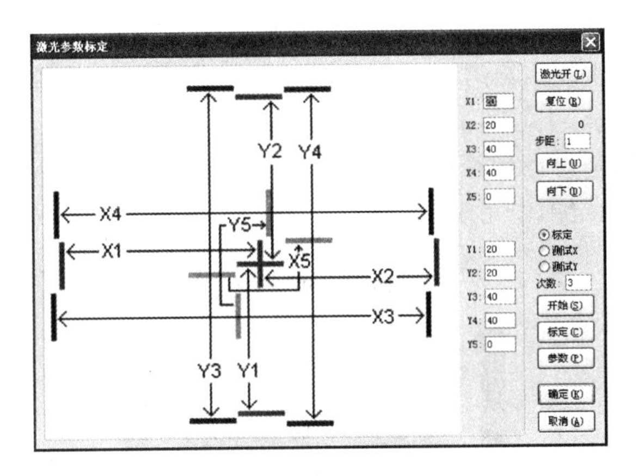

图 5-1-3

标定参数结果。例如，首次雕刻图像结果如图 5-1-4 所示。

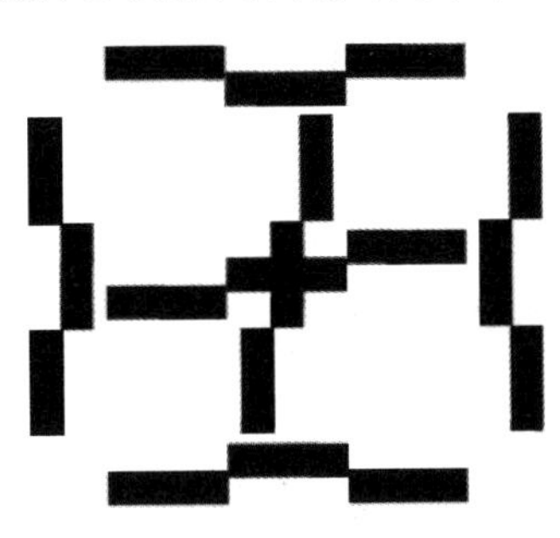

图 5-1-4

测量值：X1=21，即在 X1 栏中填写 21，X2=21，即在 X2 栏中填写 21，Y1=23，即在 Y1 栏中填写 23……同理填写所有值，单击“标定”按钮，软件即会自动生成标定修正参数，在以上操作过程中特别需要注意的事项及处理办法如图 5-1-5 所示。

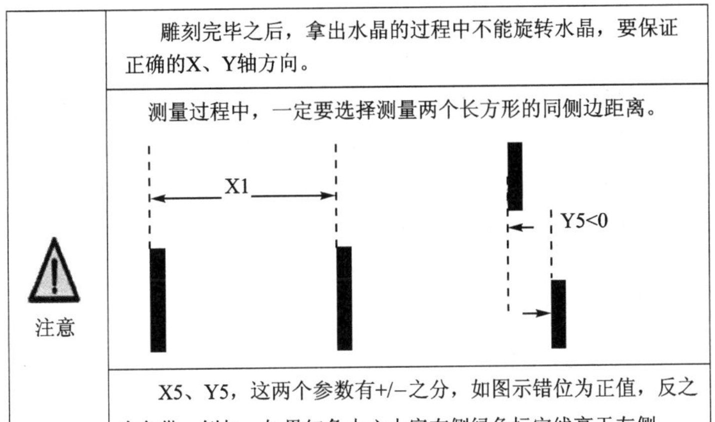

注意	雕刻完毕之后，拿出水晶的过程中不能旋转水晶，要保证正确的X、Y轴方向。
	测量过程中，一定要选择测量两个长方形的同侧边距离。 X1　Y5<0
	X5、Y5，这两个参数有+/−之分，如图示错位为正值，反之为负借，例如，如果红色中心十字右侧绿色标定线高于左侧，X5就是正值，反之X5就是负值，Y5同理。

图 5-1-5

第六步：标定参数生成后，重新按上面的步骤雕刻标定线。雕刻完成后重复执行第四、第五、第六步，直至标定图形中的四周四条线段重合，中心的十字重合，如图 5-1-6 所示，此时生成的标定参数已经可以到精确无缝拼接的效果，单击“完成”按钮保存标定参数，标定工作完成。

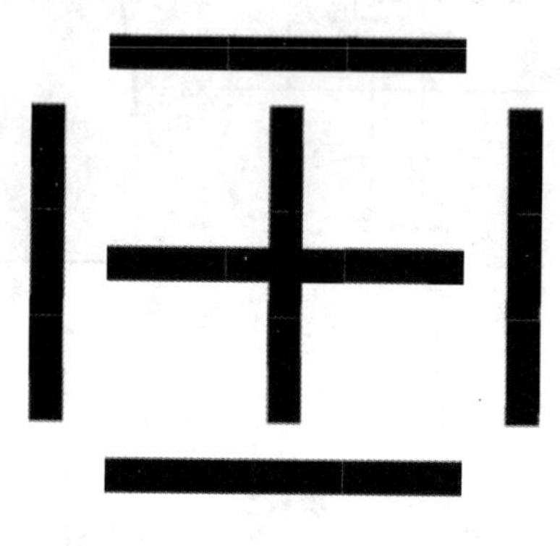

图 5-1-6

任务 2　激光内雕机维护与操作

1. 激光内雕机机械、光学系统部分维护与保养

(1) 机械部件维护

激光内雕机机械部件基本内置在雕刻机内部，在使用时保持操作空间空气干净，避免灰尘等进入雕刻机内部，每次工作完之后，首先做好环境的清洁，使工作环境无尘、洁净，然后做好设备的清洁，包括主机的外表面，主控柜的外表面，光学系统罩壳、工作台面等要无杂物、无尘、洁净。同时在日常使用过程中要定期对机械传动部件加润滑油。设备工作平台为电动电机驱动的电动平移台，工作过程中要尽量保证导轨和丝杠的清洁，定期清理灰尘并在导轨和丝杆上涂适量润滑脂，周期视工作环境清洁程度及工作量而定，建议每月清理一次灰尘。

内雕机周围禁止堆放杂物，不得把易燃材料放置到光路上或激光光束有可能照到的地方。若激光束照射到易燃材料上将会引起火灾甚至爆炸。

(2) 光学系统维护

激光内雕机光学系统需要维护的光学器件主要是：扫描振镜镜片、F-θ 透镜、扩束镜。

在设备使用过程中，保持环境清洁可以大大减少维护工作量。

如果光学镜片上粘上灰尘，一方面会影响激光的传输效率，造

成激光能量率减较大，影响加工效果；另一方面，灰尘可能会导致激光破坏光学镜片的镀膜，建议定期用洗耳球将镜片上的灰尘吹拭，维护周期视工作环境而定，通常建议每月进行一次清理。如果镜片污染严重，可用脱脂棉签蘸无水乙醇向同一方向轻轻擦拭（非专业人士不建议经常用此方法清理，所以尽量保证工作环境清洁）。

注意：在任何情况下，不得用手接触镜片；不得用干燥物擦拭镜片，否则会造成镜片的永久损坏。

2. 电气系统维护

电气系统维护较简单，开启及工作过程中注意各部分相应的指示灯及报警是否正常工作即可，如果发现异常，及时关机，通知公司技术支持进行故障处理。另外注意定期清理各部分灰尘，周期视工作环境清洁程度而定，建议每月清理一次各部件灰尘。

注意：如果工作台运动到两端顶点不能停止发出异响或工作台中途被异物卡住、不能正常运转时要立即关闭控制电源，避免工作台或电机的损坏。

3. 激光内雕机操作注意事项

- 机器运行过程中，禁止拆卸内雕机与冷水机之间联接的循环水管和七芯航空插头。若机器运行过程中发现联接水管漏水，应立即关闭内雕机及冷水机电源，再紧固漏水部位。
- 关机时必须先将电流调低再关闭激光器电源。在激光器电源关闭前，禁止关闭风冷机电源。关闭激光器1分钟后，再关闭风冷机电源。
- 机器在上电后不能受振动，也不要在机器2 m范围内使用手机，因为手机信号会干扰振镜。
- 机器上电后不能接取任何信号线，如：电脑控制卡输出的扫描振镜信号线；上电后再接信号线极可能会造成设备器件损坏。
- 机器不要随便搬动，如需搬动必须关掉所有电源，搬动后要检查每一条线及驱动卡是否连接好、有无松动后才接好电源；不接好连接器，接电源后极容易损坏控制卡。
- 电脑控制卡的更换与更新。控制卡一般与设备配置使用，不同型号的机型配有不同的控制卡，即使同一型号的机型，其控制卡设置也略有不同，因此控制卡的更换或更新都要由厂家来实施，不能随意调换，否则会出现乱打标、工作不正常的情况，甚至可能损坏振镜。

- 不能随意更换电脑的硬件设置信息；因设置错误会损坏电脑控制卡，严重时会损坏振镜头。
- 环境要求最好有空调的环境下工作，无尘、防潮、室温在20～28 ℃为最佳工作状态；气温过高及湿度过大都可能会导致激光器损坏。
- 若发生漏电触电事故，应立即按下内雕机操作面板上急停开并，切断冷水机电源和内雕机总电源，检修后方可使用。
- 若激光器停止使用时间在60分钟以上，建议关闭冷却。

4. 激光内雕机操作报警及处理办法

激光内雕机操作报警及处理办法如表5-2-1所列。

表5-2-1　异常现象与处理方法

序　号	故障现象	原因分析	处理措施
1	不制冷	①制冷剂漏 ②压缩机电源电路故障 ③压缩机坏	①补漏、加制冷剂 ②检修压缩机电源电路 ③更换压缩机
2	制冷量不足	①冷凝器散热不良 ②制冷剂漏 ③压缩机坏 ④制冷剂过滤器脏堵	①高压吹洗冷凝器 ②补漏.加制冷剂 ③更换压缩机 ④更换制冷剂过滤器
3	流量报警	①水箱内无水或水太少 ②机箱上部精过滤器堵塞 ③水循环系统其他部位堵塞 ④水流报警信号线断 ⑤水泵坏 ⑥水箱无水或水系统管路脱落	①加水 ②更换精过滤器 ③疏通堵塞部位 ④检查线路或更换流量报警开关 ⑤更换水泵 ⑥修复管路、加水
4	温度报警	①制冷系统坏 ②加热器坏 ③环境过于恶劣，散热不良	①检修制冷系统 ②更换加热器 ③改善冷水机工作环境
5	冷水机开机后水温显示不变化，显示温度与实际水温相差太远	温度传感器探头脱落	固定温度传感器探头于原安装处

续表 5-2-1

序号	故障现象	原因分析	处理措施
6	水温不能恒定	①水箱内加热器坏 ②加热器电源电路故障 ③温控表坏	①更换加热器 ②检修加热器电源电路 ③更换温控表
7	水箱上部水温较烫，下部水温正常	水循环系统有堵塞	疏通堵塞部位
8	水温报警	①水温高于 30 ℃ 或低于 18 ℃ ②电路故障 ③温控表坏	①待冷水机工作 10 分钟，观察水温是否回复正常 ②检查电路 ③更换温控表
9	温控表不显示	①温控表电源线故障 ②温控表坏	①检查线路有无电源输入 ②更换温控表
10	温控表报警	①传感器断线 ②传感器接线错误	①检查线路. 接线 ②更换传感器
11	温控表报警，显示其他代码	①数据受到干扰 ②温控表故障	①重新打开电源 ②更换温控表
12	过电压报警灯亮	输入电源电压过高	检查供电电压
13	上电没显示，风机不转	电源未接上	检查电源进线
14	按启动按钮没反应	急停开关被按下或钥匙开关没打开	松开急停开关并打开钥匙开关

4. 防止激光辐射的泄露

- 激光内雕机采用封闭的激光光路设计，可以有效地防止激光辐射的泄露。
- 激光器正常工作期间，机器内部不得增设任何零件及物品。
- 在激光器开机过程中严禁用眼睛直视出射激光或反射激光，以防损伤眼睛；工作时请佩戴防护眼镜。